LOCUS

LOCUS

LOCUS

LOCUS

Smile, please

smile 135
做自己的生命設計師：
史丹佛最夯的生涯規畫課，用「設計思考」重擬問題，打造全新生命藍圖
作者：比爾・柏內特（William Burnett）& 戴夫・埃文斯（David J. Evans）
譯者：許恬寧
責任編輯：潘乃慧
封面設計：廖韡
校對：呂佳真
法律顧問：董安丹律師、顧慕堯律師
出版者：大塊文化出版股份有限公司
台北市105022南京東路四段25號11樓
www.locuspublishing.com
讀者服務專線：0800-006689
TEL：(02)87123898　FAX：(02)87123897
郵撥帳號：18955675　戶名：大塊文化出版股份有限公司
版權所有　翻印必究

總經銷：大和書報圖書股份有限公司
地址：新北市新莊區五工五路2號
TEL：(02) 89902588　FAX：(02) 22901658
初版一刷：2016年11月
初版二十八刷：2024年8月
定價：新台幣320元
Printed in Taiwan

Designing Your Life:

How to Build a Well-Lived, Joyful Life

做自己的
生命設計師

史丹佛最夯的生涯規畫課，
用「設計思考」重擬問題，打造全新生命藍圖

Bill Burnett & Dave Evans

比爾・柏內特｜戴夫・埃文斯——著　　許恬寧——譯

感謝所有分享過人生故事的優秀學生。
你們敞開心胸，誠心參與，
帶來遠超乎想像的生命設計啟示。

本書獻給當初建議我接受史丹佛教職的太太辛西雅（Cynthia）。
我愛妳，沒有妳，就沒有今天的我。
──比爾・柏內特

本書獻給親愛的老婆克勞迪亞（Claudia）。
妳是我們家的文藝力量，大力支持我寫這本書，
還不斷提醒我背後的理由。妳的愛一遍又一遍拯救了我。
──戴夫・埃文斯

目錄

前言　人生是「設計」出來的

　　艾倫喜歡蒐集石頭，平日熱中把戰利品依據大小、形狀、種類、顏色分門別類。在一流學府就讀兩年後，學校要她選擇主修。老實講，從小到大，艾倫不曉得人生要做什麼，也不曉得以後該從事哪一行，但既然一定得選，念地質系似乎順理成章，畢竟石頭是她的最愛。

　　艾倫的爸媽以女兒爲榮。哇，主修地質，以後是地質學家耶。然而，艾倫大學畢業後搬回家住，開始幫人帶小孩和遛狗，賺點零用錢。父母困惑不已，這種工作女兒高中就在做，而他們才剛付完昂貴的大學學費。女兒什麼時候才會搖身一變，成爲地質學家？什麼時候才要展開事業？她讀地質不是嗎？理應成爲地質學家。

　　眞相是艾倫不想當地質學家。對於地球是如何形成、組成物質是什麼、前因後果又是什麼，她其實不太感興趣。她對田野工作也毫無意願，不想替自然資源公司或環保部門工作。製圖，不喜歡。寫報告，也不喜歡。她念地質，只是因爲當初不曉得要選什麼科系，恰巧又喜歡石頭。艾倫大學文憑在手，老爸老媽又整天在耳邊碎碎

念，但她實在不曉得該如何找工作，更不曉得人生的路怎麼走。

　　大學的確就跟大家講的一樣，是人生最美好的四年，但是一畢業，快樂時光就結束了。艾倫不曉得自己的困境並不特殊。許多人跟她一樣，不想找和主修相關的工作。在美國，甚至僅有二七％的大學畢業生，後來的工作與當初念的科系有關。不論是「主修什麼，這輩子就會做什麼」，或是「大學是人生最美好的歲月（再來就是工作、工作、工作和無聊到死）」，困住艾倫的念頭，都是本書要談的「無效的想法」（dysfunctional beliefs），也就是讓許多人無法設計美好人生的迷思。

無效的想法：大學念什麼，以後就得做什麼。
重擬問題：四分之三的大學畢業生後來做的工作，都和自己的主修無關。

　　珍妮從小到大都努力念書，到了三十五歲左右，開始收割甜美的果實。她一帆風順，從來不曾跌倒，先是畢業於一流大學，念完了頂尖法學院，接著進入專門打大官司的法律事務所，眼看就要功成名就。不論是大學、法學院、婚姻、事業，人生的一切，樣樣心想事成。珍妮靠著意志力和奮發圖強，要什麼有什麼，堪稱成功的

典範。

　　然而，珍妮有一個祕密。

　　有時，晚上從矽谷最負盛名的法律事務所開車下班後，她會在華燈初上時，坐在陽台上流淚。她覺得自己理應擁有、應該追求的事物，統統都有了，她卻非常不快樂。她知道理論上，該為努力贏得的人生感到志得意滿，但是她一點都不開心，一點也不。

　　珍妮覺得自己有問題。有誰每天早上醒來是成功人士的代表，晚上睡覺時卻心有千千結，好像人生缺少什麼，一路走來似乎失去了什麼？一個人擁有全世界卻又一無所有，該怎麼辦？珍妮和艾倫一樣，抓著無效的想法不放，以為只要按表操課，跑完人生大地遊戲的每一關，最後就能過著幸福快樂的日子。珍妮不是特例。在美國，三分之二的人不喜歡自己的工作，一五％的人甚至達到痛恨的程度。

無效的想法：只要成功，就會快樂。

重擬問題：真正的快樂，來自打造適合自己的人生。

　　唐納腳踏實地賺錢，同一份工作做了超過三十年。房貸差不多快繳完，孩子拉拔到大學畢業，平日也有好好存退休金，擁有踏實

的事業、踏實的人生，每天起床，上班，繳帳單，回家，上床睡覺。隔天早上起床，上班，繳帳單，回家，上床睡覺。工作，繳帳單，工作，繳帳單。

多年來，唐納一再問自己同一個問題。不管是在咖啡廳、餐桌上或教堂裡，他都在想那個問題，甚至到家附近的酒吧也沒丟開。幾杯威士忌下肚後，可以暫時忘掉，但酒醒後又會想起來。近十年的時間，那個問題讓唐納半夜兩點醒來，站在浴室鏡子前自問：「我究竟為什麼要過這種人生？」

每個夜深人靜的時刻，鏡子裡回望的那個人，從來不曾給他答案。唐納的無效想法和珍妮很像，只不過他撐得比較久──一輩子認真上班，事業有成，理應快樂才對。人生這樣就夠了吧？唐納另一個無效的想法就是，人生如果向來這麼過，以後也非得這樣過下去。要是鏡子裡那個人能告訴唐納，他不是世上唯一覺得被困住的人，沒人說以前做什麼，以後就一定得做什麼，那就好了。光是在美國，四十四歲到七十歲之間，有超過三千一百萬人渴望擁有「安可職涯」（encore career），也就是能帶來人生意義、不間斷的收入，還能造福社會的工作。其中一小部分人找到了安可事業，但是大部分的人都不曉得如何著手，擔心年紀大了，想做什麼重大改變都來不及了。

無效的想法：太遲了。

重擬問題：設計你熱愛的人生，永遠不嫌遲。

　　三個人，三道棘手問題。

設計師熱愛問題

　　各位可以看一看四周，看一看辦公室，看一看家中，你坐的椅子，手上的平板電腦，或是智慧型手機。身旁的每樣東西都來自某個人的設計，每個設計的起點，都是一個問題。今日的我們，靠著別在上衣、約一吋見方的東西，就能聽三千首歌，是因為有人碰到以下這個問題：要是想聽很多音樂，得扛著一箱 CD 四處跑。正是因為有人碰上問題，我們才能擁有可一手掌握的手機、電池續航力達五小時的筆電，以及能播放鳥叫聲的鬧鐘。什麼？鳥叫聲的鬧鐘？的確，人生重要的事很多，討厭鬧鐘的聲音，聽來不是什麼重要問題，但是有的人不想在標準鬧鐘的刺耳嗶嗶聲中醒來。對他們來講，這個問題很重要。有問題，所以今日我們家中才有自來水，才有隔音隔熱牆。水管會出現，是因為有人碰上問題。牙刷的發明，是因為有人碰上問題。這世上會有椅子，是因為某個地方的某個人

想解決一個重大問題：坐在石頭上屁股會痛。

　　「設計問題」與「工程問題」是兩回事。身為本書作者，我們兩人都擁有工程學位，只要手中握有大量資料，而且確定有單一最佳解，工程是解決問題很好的方法。舉例來說，比爾從前負責蘋果公司（Apple）第一代筆電的轉軸工程問題，團隊想出的解決辦法，讓蘋果成為市場上最可靠的筆電。那個解決辦法有過眾多原型，還經過無數次測試，和設計過程很類似。然而，做出「能撐五年的筆電轉軸」這個目標（或是能開闔一萬次）是固定的，比爾的團隊測試眾多機械方案，直到達成目標。一旦達成，這個解決方案就能複製數百萬次。換句話說，筆電轉軸是一個很棒的工程問題。

　　然而，筆電的轉軸問題，不同於設計出第一台有「內建滑鼠」（built-in mouse）的筆電。由於蘋果電腦所有的功能幾乎都仰賴滑鼠，打造一台不外接一般滑鼠就什麼事都不能做的筆電，簡直白費工夫。內建滑鼠屬於設計的問題，因為沒有前例可循，不曉得最後會得出什麼，沒有預定的終點；起初，大家在實驗室拋出各種點子，其中幾個經過測試，但沒有一個行得通。接下來，出現一位叫強・克拉寇威爾（Jon Krakower）的工程師，克拉寇威爾當時正在實驗微型軌跡球，他有一個瘋狂點子，想把鍵盤打字的地方往後挪，前方留空間給小型指向裝置。這個點子最後成為人人期待的重大突破，以後每台蘋果筆電都有這項標準配備。[1]

　　美學，或是事物的外觀，是另一個沒有明顯單一解答的例子，

也是設計師要解決的。舉例來說，世上有眾多性能優異的跑車，都讓人覺得是速度的象徵，然而保時捷（Porsche）的車，長得一點也不像法拉利（Ferrari）。兩家的跑車，都來自專業工程技術，零件幾乎一模一樣，美的地方卻完全不同。兩家公司的設計師，同樣極度重視每個弧度、每道線條、每具車燈跟水箱罩，卻做出截然不同的決定。每間公司都用自己的方法做事──法拉利一看就知道是熱情如火的義大利車，保時捷則是精準、迅捷的德國車。設計師花上無數年鑽研美學，好讓跑車這種明明是工業產品的東西，有如在路上奔馳的藝術雕塑品，那正是為什麼從某方面來講，美學是最極致的設計問題。美學與人類情感有關──而我們發現，涉及情感時，「設計思考」（design thinking）是解決問題最好的辦法。

我們兩人平日協助學生解決一個問題：讓他們在大學畢業、出社會時，快樂且具備生產力，有辦法找出前方的人生究竟該做什麼。要解決這個問題，設計思考是最佳途徑，因為要設計出沒有明確目標的人生，不同於製造能撐五年的轉軸，也不同於蓋出可以安全連接陸塊的大橋。轉軸和橋梁是工程問題，我們可以替各種選項找出一目瞭然的數據，進而打造最佳解決方案。

如果知道想要的結果（超好攜帶的筆電、性感跑車、設計一流的人生），眼前卻沒有明確解決方案，就得腦力激盪，試一試瘋狂的點子，即興發揮，接著「想辦法一路往前推進」，直到找出行得通的方案。不論是曲線無懈可擊的法拉利，還是超輕薄的 MacBook

Air，當「就是它了」這樣的東西出現時，我們馬上就知道。優秀的設計，不會來自方程式與試算表，也不會來自數據分析。優秀的設計就是有一種特別的樣貌，給人一種感覺——這是一件打動你心坎的美麗物品。

　　經過妥善設計的人生，也會有一種獨特面貌，給人一種特別的感覺。設計思考可以協助每個人解決自己的生命設計問題。世上每一樣讓日常生活更方便、更有生產力、更美好、更有樂趣的東西，當初之所以出現，都是因為一個問題，因為在世上某個角落，有某個設計師或設計團隊，想辦法解決了那個問題。我們生活、工作、娛樂的空間，全都來自想讓生活、工作、娛樂更美好的設計。放眼望去，處處是設計師解決問題後得出的成果。

　　設計思考帶來的好處，看一看周遭就知道。

　　設計思考也能在我們的生命中派上用場。設計不僅能帶來電腦或法拉利等酷炫物品，也能帶來酷炫人生。我們可以靠著設計思考，創造出有意義、好玩、成就感十足的生活。不管各位以前或現在是什麼樣的人，過往或今日從事什麼職業，不論現在多老或多年輕，都能靠著創造出最迷人的科技、產品、生活空間的思考方式，好好打造自己的事業與人生。**經過妥善設計的人生，將不斷帶來新生命——永遠具備創意與生產力，千變萬化。意想不到的驚喜，永遠在前方等候。**努力一分，將可得到十分。經過妥善設計的人生，不會是行屍走肉、無限重複的人生。

我們怎麼知道？

一切要從一頓午餐說起。

好吧，其實要從我們在一九七〇年代念史丹佛大學說起（戴夫早比爾幾屆）。比爾在大學時發現，原來世上有「產品設計」這種主修，而且這個領域提供令人興奮的職業生涯。比爾從小就喜歡坐在祖母的縫紉機底下畫車子、畫飛機。他之所以主修產品設計，是因為他（訝異地）發現，原來世上有人每天跟他做同樣的事，那種人叫「設計師」。比爾今日是史丹佛設計學程（Design Program）執行總監（executive director），依舊在塗鴉和做東西（不過已經從縫紉機底下鑽出來）；此外，還指導大學部與研究所的設計課程，任教於「d.school」（「哈索普拉特納設計學院」〔The Hasso Plattner Institute of Design〕的簡稱，史丹佛大學的跨領域創意中心，學院所有課程皆來自設計思考流程）。此外，比爾也在新創公司與財星百大企業（Fortune 100）工作過，包括在蘋果待了七年，設計出得獎筆電（還有剛才提到的轉軸），以及在玩具產業待過幾年，負責設計星際大戰（Star Wars）玩偶。

比爾知道自己能夠找到產品設計這個領域，而且很早就擁有豐富有趣的工作生涯，可說是異常幸運。我們在教書期間，知道這種事有多罕見。學生通常不會早早就知道自己的道路，就算是史丹佛大學的天之驕子也一樣。

戴夫和比爾不一樣，念大學的時候，他不曉得以後要做什麼。入學時主修生物，但成績一塌糊塗（後面會再講這個故事），最後畢業於機械工程系——老實講，他改念後面那個科系，也只是因為不曉得要念什麼才好。戴夫在大學期間，從來沒有人能協助他回答一個問題：「如何找到人生要做什麼？」戴夫後來一路跌跌撞撞，才終於有了答案，三十多年間在高科技產業擔任高層主管與管理顧問，是蘋果初代滑鼠與早期雷射印表機的產品經理、「美商藝電」（Electronic Arts）共同創始人，還協助過眾多年輕的新創公司創辦人找到自己的路。戴夫最初磕磕絆絆，雖然後來事業順利，但他一直感嘆，當初要是知道方法，就不必走得那麼辛苦。

我們出了校園之後，雖然在外頭闖蕩與成家立業，依舊與莘莘學子有合作機會。比爾在史丹佛教書時，無數的學生在辦公室時間跑來找他，煩惱畢業後該做什麼。同樣地，戴夫在柏克萊加大（UC Berkeley）教書時，設計了「如何找到自己該從事的行業」課程（How to Find Your Vocation，又名「你的天命在呼喚你嗎」〔Is Your Calling Calling?〕），八年間開了十四次。儘管這個課程受到熱烈歡迎，戴夫後來到史丹佛大學任職時，希望能多做一點。就這樣，他和比爾開始有了交集，工作及私底下一再碰到面。戴夫聽說，比爾剛接下史丹佛設計學程執行總監一職，那個學程他很熟。戴夫接著想到，設計師需要的跨領域能力，大概讓設計系學生承受著不尋常的龐大壓力，必須發想出原創、對自己有意義，商業上又可行

的職業道路。戴夫於是打電話給比爾，邀他吃午餐，聊一聊自己的想法，看看會發生什麼事。如果一切順利，或許他們能多吃幾頓午餐，聊聊這個話題；一年後，說不定能醞釀出一些東西。

那就是為什麼前文說，一切始於午餐。

我們兩人吃了五分鐘飯，就一拍即合，決定一起為史丹佛設計新課程，將設計思考用來設計學生畢業後的人生——先在設計系學生之間推廣。一切順利的話，再推廣至所有的學生。

那堂課，後來成為史丹佛大學最受歡迎的選修課。

別人問，我們在史丹佛做些什麼，有時我們會給個一板一眼的簡單答案：「我們在史丹佛教書，協助學生運用設計思考的創新原則，在求學階段與出社會後，解決生命設計這個棘手問題。」大家聽完後都說：「聽起來很棒！這到底什麼意思？」

此時，我們通常接著說：「我們教人運用設計的方法，找出長大後究竟要做什麼。」聽完這個答案，幾乎每個人都會說：「哇！我可以去上這門課嗎？！」每一年，我們都得說「不行」；至少，如果你不是史丹佛一萬六千名學生中的一員，我們都得說抱歉。但現在不一樣了。現在每個人都能在 www.designingyour.life，參加「做自己的生命設計師」（Designing Your Life）工作坊。此外，我們還寫了這本書，各位不必大老遠跑去史丹佛，也能好好設計自己的人生。

我們將協助大家設計人生，然而各位得先問自己幾個問題——

幾個很難回答的問題。

設計師也熱愛問題

如同唐納每天晚上問鏡中的自己：「我究竟爲什麼要過這種人生？」每個人都會碰上類似問題。究竟爲什麼要過這種人生、做這種工作，活在世上的意義和目的究竟是什麼？

- 如何才能找到喜歡的工作？甚至是熱愛的工作？
- 如何才能打造讓我過著美好生活的事業？
- 如何平衡事業與家庭？
- 如何改變世界？
- 怎樣才能瘦到爆、性感，並且有錢到天怒人怨？

本書可以協助各位回答前述所有的問題──最後一個除外。

每個人都被問過：「你以後要做什麼？」這是人生非常基本的問題──不論我們是十五歲或五十歲都一樣。設計師喜歡問題，不過他們熱中的，其實是重擬問題（reframing question）。

「重擬」是設計師最重要的思維。許多優秀的創新都從重擬的過程開始。設計思考永遠告訴我們：「不要從問題開始，從人開始，從同理心開始。」一旦對產品使用者有同理心，就會知道該從什麼

觀點出發，腦力激盪一番，開始打造原型，找出問題中的未知數。這樣的流程一般會啟動重擬的過程，有時也稱為「軸轉」（pivot）。重擬是指依據問題的新資訊，重新描述觀點，接著再度發想、重新打造原型。舉例來說，一開始，你以為自己要設計產品（新咖啡口味、新型咖啡機），接著發現其實是在重新打造咖啡體驗（星巴克〔Starbucks〕），於是你開始重擬。或者，想打擊貧窮的話，別再貸款給國內的富裕階級（例如世界銀行〔World Bank〕做的事），改而借錢給窮到還不起的人（微型貸款與孟加拉鄉村銀行〔Grameen Bank〕）。蘋果想出 iPad 點子的團隊也一樣。他們徹底重擬了可攜式電腦的使用經驗。

　　人生的設計也需要很多重擬的過程，最重要的觀念重擬是瞭解到：「人生無法事先做完美的規畫」。人生不只一個解決方案，沒有標準答案是好事。人生可以有各種設計，每一種設計都能帶來希望，你可以過著有創意、不斷開展、值得體驗的人生。人生不是死的，而是一種體驗，設計並享受那個體驗，將帶來無限樂趣。

　　「你以後要做什麼」這個問題，重擬之後，變成：「你以後想成為什麼樣的人？」生命的重點是不斷成長、不斷變化。人生不是靜態的，沒有固定終點，也不是回答完以後要當什麼樣的人之後，一輩子就這樣了，不能再變。沒有人真的知道自己想要什麼，就算是那些決定當醫生、律師、工程師的人也一樣。所謂的要當什麼「師」，只不過是模糊的人生方向，一路上依舊會有許許多多的問

題。人們眞正需要的是一個「過程」── 一個設計過程 ── 找出自己要什麼、想成爲什麼樣的人，以及如何打造自己熱愛的生活。

歡迎來到生命設計的世界

生命設計可以帶我們走向明天。艾倫設計人生後，知道如何跳脫大學主修的限制，找到人生第一份工作。有了生命設計，珍妮可以從「過該過的人生」，變成「過想要的人生」。有了生命設計，唐納將可回答讓自己夜不成眠的問題。設計師想像尙不存在的事物，接著打造出來，世界因而不再一樣。各位也可以在自己的人生中做相同的事，想像一個尙未存在的事業與人生，接著打造未來的自己，就此改變人生。如果人生已經很完美，你原本就熱愛目前的生活，生命設計也能錦上添花。

當我們像設計師一樣思考，願意問問題，知道生活就是不斷設計尙未存在的事物，人生將以出乎意料的方式閃閃發亮，活力四射。當然，不喜歡閃閃發亮，低調也行，畢竟一切由你設計。

我們知道哪些事？

我們在史丹佛大學的設計學程，傳授設計思考給一千名以上學生，教大家設計生命的方法。在這裡告訴大家一個祕密 ── 那個

班，從來沒人被當掉。事實上，那堂課不可能不及格。我們兩人的教學資歷加起來超過六十年，授課對象包括中學生、大學生、研究生、博士生、二十歲世代、中階主管，以及希望擁有「安可職涯」的退休人士。

我們當老師的時候，永遠向學生提供「終身辦公室時間」。也就是說，只要修過課，一生之中，只要人生出了問題，隨時可以回來找我們。有的學生畢業後，每隔一段時間還會回來找老師，告訴我們課堂上教的工具、概念與心態，改變了他們的人生。我們非常希望（老實講，我們相當有信心）本書提到的概念，也能改變各位的人生。

當然，口說無憑。史丹佛大學治學嚴謹，我們舉的小故事聽起來是很棒沒錯，然而故事在學術殿堂算不了數。講話要有分量，就得提出數據。我們的課，是少數經過科學方法研究的設計思考課程，從幾個重要指標來看，確實改變了學生的人生。兩名博士生曾以這堂課為主題寫論文，提出相當令人振奮的研究發現[2]：一、修過這堂課的人，更能設想出自己要的事業，也更能追求那樣的事業；二、修過課的人，比較少有「無效的想法」（潑冷水、而且根本沒那回事的想法），更有能力替生命設計想出新點子（增強發想能力）。所有相關指標皆具有「統計顯著性」。用通俗的話來講，我們替課程以及本書設計的概念與練習，已證明有效，能協助各位找出自己要什麼，還傳授怎麼做才能成功。

　　不過，首先打開天窗說亮話。不論是否有科學證據證明我們的東西有效，打造生命主要得看你自己。我們能提供工具、概念與練習，但無法替你設計人生。我們不可能靠十個簡單步驟，就讓你大徹大悟，改變觀點，完全掌握一生的路該怎麼走。只能說，如果你真的去試試看那些工具，做一做生命設計練習，將能夠把前方的路看得更清楚。老實講，人生可以有各種版本，每一個版本都是「對的」。不管影城正在上映哪個版本的你，生命設計都能協助你好好發揮。記住，生命設計沒有錯誤答案，我們不會替你打分數。建議各位，做一做本書提到的練習，不過書末沒有可算出分數的解答。我們在各章的最後一頁，放上綜合該章練習的「牛刀小試」。取這個名字，是因為我們希望你能，嗯，牛刀小試一下。設計師所做的事，其實就是什麼都試試看。至於結果，我們不會拿你和別人比，你也不該拿自己和別人比。我們會在本書和你一起創造人生，你可以把我們想成個人設計團隊的一員。

　　我們甚至建議，現在立刻組成設計團隊——找到一起讀這本書、做練習的一群人。你們可以通力合作，彼此加油打氣，好好設計人生。當然，先自己一個人閱讀也沒關係，稍後我們會再回頭講打造團隊的事。許多人想像中的設計師是獨行俠，默默一人沉思，等著靈光一閃，手中的設計問題該如何解決的答案，就會從天上掉下來。然而，真實世界完全不是那麼一回事。有的問題，的確簡單到光靠個人就可以，例如設計一張凳子，或是新型兒童積木，但是

在今日的高科技世界，幾乎每個問題都需要設計團隊。設計思考主張，最佳結果來自於背景迥異的人士通力合作，將自家領域的技術與人性體驗（human experience）貢獻給團隊，因此，團隊對於未來的使用者，更可能抱持同理心。背景不同的人相互激盪，可帶來最獨特的解決方案。

　　史丹佛大學設計學院的課程，一再證明多元團隊的重要性。由商科、法科、工程、教育學系、醫學院的研究生組成的團隊，每次都提出最具突破性的創意。設計時，隊員之間的共通點是設計思考，也就是以人為本，接著利用各自的背景來激發合作與創意。學生上我們的課時，通常先前不具備任何設計背景，所有的團隊一開始都很辛苦，得從頭學習設計師的思維，尤其是「通力合作」、「注重過程」這兩點。不過，一旦上手，團隊的力量遠勝過個人，學生們的創意信心因而激增。數百份成功的學生專案，以及 D-Rev、Embrace[3] 等創意公司，都來自這個過程，證明今日的設計需要合作達成。

　　總而言之，各位設計生命時，可以讓世人看到你是曠世奇才，但不必寂寞地單打獨鬥。

用設計師的頭腦思考

　　各位開始設計生命之前，得先讓頭腦轉成設計師的思維。後文

會介紹幾種簡單方法，不過首先有一件事大家一定得知道：設計師不是靠「用想的」，而是靠「打造」。什麼意思？意思就是說，不能只是憑空發想眾多有趣的點子，但沒一個跟真實世界有關——或是跟真實的自己無關。各位得打造東西（我們稱為做出「原型」），東試一下、西試一下，在過程中享受諸多樂趣。

想改變生涯？本書會幫你改變，不過方法不是靠想破頭要做什麼改變。我們將協助各位用設計師的頭腦思考，靠一個又一個原型打造未來。我們會協助你靠著讓印刷機、燈泡和網路問世的好奇心與創意，處理自己的生命設計挑戰。

本書的重點，主要放在工作和職業生涯上，因為面對現實吧！我們一天之中，多數時間都在工作。一生之中，主要時間也是在工作。工作可以帶來無盡的樂趣與意義，也有可能是永無終止的折磨，每天都在浪費生命，咬緊牙關苦撐，直到週末來臨。經過設計的生活，不會再枯燥無味。我們來到世上的目的，不是每天做八小時自己痛恨的工作，直到死神找上門。

這樣講簡直是誇大的抱怨。可是許多人告訴我們，他們的生活真的就是那樣。就連喜歡自己的職業的幸運人士，也常感到沮喪，苦於設計不出平衡的生活。該是讓我們換個腦袋思考的時候——一切都要重新出發。

設計思考包含幾種簡單心態，本書將介紹如何將那些心態用於設計生命。

設計生命需要五種心態，分別是「好奇心」（curiosity）、「行動導向」（bias to action）、「重擬問題」（reframing）、「覺察」（awareness）、「通力合作」（radical collaboration）。這五種心態是各位的設計工具。有了它們，什麼都能打造，包括打造出自己熱愛的生活。

當個好奇寶寶：帶著「好奇心」看世界時，萬事萬物都新鮮，生活變成一種探索，事事好玩。最重要的是，好奇心會讓人「沒事就交到好運」。有人不管走到哪，都能碰到機會，其實是因為抱持了好奇心。

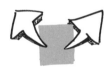

試一試：擁有「行動導向」心態，意思是打定主意一路往前走。如果想知道，自己究竟該做什麼，光是坐在椅子上想破頭，一點用也沒有。多思無益，去做就對了。設計師會多方嘗試，這裡試一試，那裡試一試，打造出一個又一個原型，屢敗屢戰，直到找出可解決問題的方案。有時，他們發現真正的問題，根本不是當初想的那樣。設計師不抗拒改變，也不會執著於得出原本設想的結果。設計師關注接下來會發生的事，而不是最後的結果。

重擬問題：設計師卡住時會「重擬問題」。重擬的目的是確認自己在解決的問題，真的是該解決的問題。生命設計的關鍵重擬，讓我們能退一步檢視自己的偏見，開啟新的解決方案空間。本書會不斷重擬問題，打破讓大家無法找到想要的職涯與人生的想法。「重擬」可以協助我們找到正確問題以及正確解答。

一切都是過程：人生很麻煩，有時努力往前踏一步，卻感覺像退了兩步。這個原型錯了，得拋掉。過程中，重點是「放手」──放掉一開始的點子，放掉「還不錯、但普普通通」的解決方案。有時搞砸原本想發明的東西，反而會出現驚人的美好設計。彈簧彈跳玩具 Slinky 就是這樣來的。鐵氟龍（Teflon）也是這麼研發出來的。強力膠（Super Glue）、培樂多黏土（Play-Doh）都是這樣來的。要不是設計師當初某個地方搞砸，也不會歪打正著，出現這些意外發明。學著用設計師的頭腦思考，其實是學習「關注過程」。生命設計是一趟旅程，不要執著於終點目標，而要專注於過程，隨機應變。

請別人幫忙：最後，「通力合作」這種思考心態，或許是重點中的重點，尤其當你設計的是人生時。「通力合作」的精神很簡單——你不是一個人。最優秀的設計師知道，優秀設計需要通力合作，需要一個團隊。畫家可以一個人在海風呼嘯的岸邊完成曠世之作，設計師卻無法一個人做出 iPhone，不管有沒有咆哮海灘都一樣。各位的人生比較像優秀的設計，而非藝術品，因此不能單打獨鬥。你不必靠自己想出非凡的生命設計；設計是通力合作的過程，許多最棒的點子其實來自其他人。只需開口，知道該問什麼問題，就可以了。本書將教大家靠著導師和支持社群的協助，設計人生。當你走進世界，世界也會走進你的人生，每一件事將變得不同。換句話說，生命設計如同所有的設計，都是一種團隊運動。

別管什麼熱情了

很多人腦子裡有一種「無效的想法」，覺得只要找到自己的熱情，事情就解決了。只要知道熱情所在，不管什麼事都能神奇地迎刃而解。本書不認同這種說法，理由很簡單：大部分的人不曉得自己的熱情所在。

我們的同事威廉·戴蒙（William Damon）是「史丹佛青少年研究中心」（Stanford Center on Adolescence）主任。他發現十二歲

至二十六歲之間的年輕人，只有五分之一的人清楚知道自己想朝什麼方向發展、人生想幹什麼，以及理由。⁴ 我們兩位作者的經驗很類似，不論什麼年紀，八成的人不太曉得自己對什麼有熱情。

大家弄不清自己要什麼，也因此他們和職涯顧問的對話常常像這樣：

職涯顧問：「你對什麼有熱情？」
求職者：「我不知道。」
職涯顧問：「那就回去找出你的熱情。」

有的職涯顧問會讓人做測驗，評估興趣、長處或找出技能。然而，做過那種測驗的人都知道，做出來的結果沒個結論。再說了，就算測驗說你可以當機師、工程師或電梯技師，幫助也不是太大，你不太可能突然從事那些行業。也因此，本書對於要大家找到熱情所在，不是很有熱情。培養熱情需要時間，研究也顯示，對多數人而言，熱情是試過**之後**才會出現的東西。要先試，才知道喜不喜歡，然後才能精通——無法「事先」就知道熱情所在。講得再簡單一點，熱情是良好生命設計帶來的結果，而不是源頭。

多數人沒有感受到熱情、命中註定要做的**那一件事**——亦即影響著人生所有決定、為醒著的每一刻帶來目標與意義的單一動機。如果你覺得，研究從寒武紀一直到今日的軟體動物，找出牠們的交

配習性與演化過程，是你這輩子的人生目標——我們向你致上敬意。達爾文花了三十九年的人生歲月研究蚯蚓，我們向達爾文致上敬意。我們不致上敬意的事，則是排除八成人口的生命設計法。事實上，多數人對許多不同的事物抱持熱情，唯一能找出人生想做什麼的辦法，就是打造某些可能的生活原型，試試看，哪種生活能引起共鳴。講真的，設計你愛的人生，不必知道自己的熱情所在。一旦知道如何靠著原型一路前進，就能踏上旅途，找出自己真心喜愛的事物，有沒有熱情都無所謂。

經過妥善設計的人生

擁有優良設計藍圖的生命，是行得通的人生。你是誰、你的價值觀、你做的事，彼此互不抵觸。當人生擁有設計藍圖，有人問你：「最近過得怎麼樣？」你會知道如何回答，有辦法告訴對方，人生太美好了，而且說得出哪裡美好、原因是什麼。妥善設計的人生，集合了帶來重要體會的體驗、冒險與失敗，以及讓人愈挫愈勇、進一步認識自己的艱辛歷程，外加成就與滿足感。在這裡要強調，所有的人生都不免遭逢挫敗，吃足苦頭，就連經過良好設計的人生也一樣。

本書將協助各位找出精彩的人生設計藍圖。學生和客戶告訴我們，尋找的過程很有趣，驚喜連連。有時候，各位得走出舒適圈。

我們會請你做違反直覺的事，跟你過去被教導的可能不太一樣。

好奇心

行動導向

重擬問題

覺察

通力合作

　　開始擁有這樣的心態後，將發生什麼事？開始設計生命，會發生什麼事？答案是，會發生非常驚人的事。人生開始心想事成。夢幻工作突然開缺；想見誰，那個人就剛好來到你的城市。這是怎麼一回事？首先，剛才提過，好奇心與覺察會讓人「沒事就交到好運」。好運是運用五種設計心態後的意外收穫。此外，尋找自己是誰、自己想要什麼的過程，會給人生帶來不可思議的效果。當然，各位得自己努力，自己採取行動。但不知怎麼地，似乎每個人都會聯合起來幫你。此外，留意過程會讓你一路上享受到眾多樂趣。

　　在設計生命的過程中，我們會在這裡協助你、引導你、挑戰你，把打造人生的概念與工具交給你，幫你找到下一份工作、下一段職業生涯、下一件人生大事，助你設計人生──你愛的人生。

做自己的生命設計師

（你在這裡）

1

從此時此地做起

　　史丹佛大學的設計工作室外頭有一個牌子,上面寫著:「你在這裡」(YOU ARE HERE)。學生很喜歡那塊牌子,有種點醒自己的作用:不論起點是什麼,也不管你覺得自己要抵達什麼地方,過去有過、或覺得未來應該擁有什麼樣的工作或生涯,永遠不嫌遲,也永遠不嫌早。不論人在哪裡,面對什麼樣的生命設計問題,設計思考可以幫你鋪設前方的道路。然而,弄清楚要朝哪個方向走之前,得先知道自己在哪裡,要解決的設計問題究竟是什麼。前文提過,設計師喜歡問題,我們用設計師的腦袋思考時,會用全然不同的心態看問題。設計師碰上「棘手問題」時,精神就來了。英文俚語稱棘手問題為「邪惡」問題(wicked problem),不過那種問題的本質並不邪惡、也不壞,只不過很難解決。我們就明講了吧,如果已經人生圓滿,找到夢幻工作,人生充滿意義與目標,你才不會讀這本書呢。顯然人生的某個地方,有某一塊,你卡住了。

　　你手上有一個棘手問題。

　　太棒了,來解決它吧。

找出問題＋解決問題＝擁有優秀設計藍圖的人生

　　設計思考認爲，「找出問題」和「解決問題」一樣重要，畢竟解決錯誤的問題要幹什麼？本章要強調這一點的原因在於，知道自己的問題所在，其實不容易。有時，我們自認需要新工作，或是需要換主管，但是我們通常不知道生活中，什麼行得通、什麼行不通。我們試圖解決問題的方法，就好像那是一個加法或減法問題，想得到某樣東西（加法），或擺脫某樣東西（減法）。我們想得到好工作，賺到更多錢，更成功、更平衡。我們想擺脫五公斤體重，擺脫不快樂，擺脫痛苦。有時，我們甚至不曉得自己究竟想得到什麼或擺脫什麼，只是模模糊糊感到對人生不滿，想要不一樣的東西，想多得到些什麼。

　　此外，儘管有例外，我們通常靠「缺什麼」來定義問題。不過說到底：

　　你手上有問題。

　　你朋友手上有問題。

　　我們手上全都有問題。

　　問題有時和工作、家庭有關，有時離不開健康、愛、金錢，或

是一次和好幾件事相關。有時問題感覺太大，我們乾脆不去管，逆來順受──就像碰上惹人厭的室友，我們會成天抱怨，但不會真的把對方趕出去。我們碰上的問題，變成掛在嘴邊的故事，整天陷在故事裡出不來。決定好要解決哪個問題，可能是人生最重要的決定，因為人們有時會花上數年、甚至一輩子，解決錯誤的問題。

戴夫曾經有過一個問題（好吧，老實講，他有一籮筐的問題，這人實在呆，所以才會有這本書），就為了一個問題，他整整卡住好幾年。

戴夫念史丹佛的時候，最初主修生物，但他很快就發現，自己不但痛恨生物學，成績也一塌糊塗。他高中畢業時，還以為這輩子註定要當海洋生物學家，專門從事田野研究。他會這樣認定自己的命運，是因為兩個人──海洋探險家雅克·庫斯托（Jacques Cousteau）和史特勞斯老師（Mrs. Strauss）。

庫斯托是戴夫的兒時英雄。每一集《庫斯托的海底世界》（*The Undersea World of Jacques Cousteau*）電視節目，戴夫都沒錯過，心中還偷偷幻想，發明水肺的人其實是自己，不是庫斯托。此外，戴夫超級熱愛海豹，種種因素加在一起，讓他覺得天底下最酷的事，就是有人付錢讓他陪海豹玩。此外，戴夫很好奇海豹是在水底下交配，還是在陸地上（要到多年後 Google 問世，他才知道多數的海豹品種是在陸地上交配）。

讓戴夫誤以為此生註定要成為海洋生物學家的第二個理由，和

高中生物課的史特勞斯老師有關。戴夫高中每一科的成績都很好，不過特別喜歡生物。為什麼？因為他最喜歡史特勞斯老師。史特勞斯老師是好老師，讓生物課生動有趣。戴夫誤把「老師教得好」，當成「自己對生物很有興趣」。如果當年體育老師教得和史特勞斯老師一樣好，搞不好戴夫會覺得自己註定要在脖子上掛哨子，推廣職場上每個人都要強制打躲避球。

就這樣，探險家庫斯托加上史特勞斯老師的邪惡組合，讓戴夫花了兩年時間解決一個錯誤問題。他還以為自己要解決的問題，是找出如何成為海洋生物學家，或是說得更精確一點，如何在庫斯托去世時繼承他的探險船《卡里普索號》（Calypso）。戴夫進大學時，堅信自己未來要成為海洋生物學家；由於史丹佛大學沒有海洋生物學系，他決定主修生物。然而，戴夫恨死生物。當年的生物學課程，主要上生物化學與分子生物學。班上的醫學預科生輕鬆過關，戴夫則是死當。學業壓垮了戴夫，也讓他的美夢破碎。看來，未來不會有人付他錢，請他一邊用法國口音講話、一邊和海豹嬉戲。

當時戴夫認定，要解決自己痛恨生物學，以及在班上成績糟糕的問題，方法很簡單，只需要親近科學就可以了：在生物實驗室做研究，可以讓他朝研究海豹交配習性的目標更進一步。他毅然決然開始做 RNA 研究，也就是說，基本上他每天都在清理試管，無聊得要命，人生更加悲慘。

一個學季過去了又一個學季過去了，生物助教和實驗室助教老

是問戴夫，為什麼他要選生物當主修，接著戴夫就會講起史特勞斯老師、庫斯托和海豹的故事，但所有人都會打斷他，告訴他：「你對生物根本不在行，你不喜歡生物，每天脾氣暴躁、心情惡劣，你應該放棄，放棄這個主修。你唯一在行的事就是爭論，或許你該當律師。」

儘管「惡評如潮」，大家要他別鬧了，戴夫仍然堅持下去，因為在他心中，他堅信命運在召喚他，一直「想辦法」提高生物分數，所有心力都放在解決「他以為的問題」，從來不曾正視真正的問題──他不該主修生物，他心底的命中註定，從一開始就是被誤導的結果。

比爾和戴夫在聽學生講話的無數辦公室時間中，發現人們浪費大量時間解決錯誤問題。要是幸運的話，他們會立刻跌一大跤，被迫正視現實，改成解決更適當的問題。萬一不幸，人又聰明，他們會成功──也就是碰上所謂的「成功詛咒」（success disaster）──接著十年後醒來，想著自己怎麼會走到今天這一步，為什麼這麼不快樂。

戴夫的海洋生物學家夢，實在是失敗到不能再失敗，也因此，他終於承認此路不通，換了主修。其他每個人兩週左右就看出這明顯行不通，戴夫卻花了兩年半試圖解決問題。最後他終於轉到機械工程系，過著相當成功又快樂的日子。

不過，他依舊懷抱希望，有一天能與海豹嬉戲同遊。

新手心態

　　要是戴夫當初高中一畢業，就知道要用設計師的視角思考，他會用新手的心態來解決大學主修的問題。他在問問題之前，不會假設自己已經知道所有答案，而會好奇心十足，想知道海洋生物學家每天究竟做些什麼，跑去請教真的在當海洋生物學家的人。他可以去史丹佛的「霍普金斯海洋研究站」（Hopkins Marine Station，距離校園僅一小時半車程），問一問主修生物化學要如何從事海洋生物學的工作。戴夫會做一些嘗試，例如到大海上待一待，看看海上生活是否真如電視上看到的那麼棒。他可以到研究船上當義工，甚至待在活生生的海豹旁一陣子。然而沒有。戴夫一進大學，就下定決心（主修也決定好了），最後撞得頭破血流，才明白或許最初的點子不是最好的。

　　我們不都一樣？我們多常愛上第一個主意，然後拒絕放手──不論後續發展有多不妙？更重要的是，難道我們真的覺得，應該讓我們認真、但被誤導的十七歲自己，決定我們一輩子該做什麼工作？那現在呢？我們有多常照著最初的念頭走，以為自己已經知道答案，但其實從未真正好好研究一番？我們有多常跟自己確認，自己真的是在解決正確的問題？

　　當你碰上「我工作不快樂，我寧可待在家照顧孩子」這個問題，解決方案不是「我需要一份更好的工作」。要小心，你有可能解決

一個「很棒的問題」，但是那其實不是真正的問題，不是**你的**問題。你無法在辦公室解決婚姻問題，也無法靠著新型飲食習慣解決工作問題。這個道理聽起來簡單明瞭，然而就跟戴夫一樣，我們可能爲了解決錯誤問題，浪費許多時間。

此外，各位也可能陷在我們所說的「重力問題」（gravity problem）。

「我有一個大問題，不曉得要如何解決。」

「喔，哇。珍，是什麼問題？」

「是重力。」

「重力？」

「沒錯，重力快把我逼瘋了！我覺得自己愈來愈重。我沒辦法輕鬆騎腳車上山坡，重力**就是**不肯離開我。我不曉得該拿重力怎麼辦。你能幫我嗎？」

這個例子或許聽起來傻兮兮的，但是我們隨時隨地都會聽到各種版本的「重力問題」。

「在我們的文化，詩人賺的錢不夠多，民眾也不夠尊重詩人。我該**怎麼做**？」

「我替一家傳承五代的家族企業工作。我是外人，**絕對不可能**成爲主管，我該**怎麼做**？」

「我已經失業五年，愈來愈難找工作，太不公平。我該**怎麼做**？」

「我想回學校念書當醫生，但至少得花十年時間。在人生這個階段，我不想花那麼多時間念書。我該**怎麼做**？」

前述全是重力問題──也就是說，根本不是真正的問題。為什麼這麼說？因為以生命設計的概念而言，如果是無法行動的問題，就不是問題。再講一遍，如果是無法行動的問題，就不是問題，而是一種情境、一幕場景、一道人生的現實面。或許就跟重力一樣，它拖住了你。然而，重力是無法解決的問題。

告訴各位一個可以省下很多時間的小祕密──可能可以省下幾個月、幾年，甚至幾十年：你是贏不了現實的。人們抗拒現實，不惜一切，弄得頭破血流，但只要是跟現實爭論或打架，現實永遠會贏。你無法以智取勝，愚弄現實，叫現實照你的意思做。

現在不可能，永遠都不可能。

為大家好的重力問題與公共服務說明

俗話說，「民不與官**鬥**」（You can't fight City Hall）。這句老話很能說明重力問題。每個人都知道，民眾是**鬥**不過政府的。「嘿！」你抗議：「明明就可以！人權領袖金恩博士（Martin Luther King）對抗過政府，我朋友菲爾對抗過政府。我們需要**更多**對抗政府的**鬥**士，而不是勸退大家！你們是在叫我們遇到困難就放棄？」

　　講得好！你問到了重點，也因此，我們一定要在這裡清楚說明，該如何處理所謂的重力問題。記住，這裡的關鍵是我們要讓你重獲自由，別再陷入「無法行動」的情境之中。一旦陷入重力問題，就會永遠卡住，因為什麼都不能**做**，而設計師的本質是行動家。

　　比爾和戴夫知道，重力問題其實有兩種——一種是什麼都做不了的問題（就跟重力本身一樣），一種是大海撈針型的問題（例如提升全職詩人的平均收入）。你可能正在努力判斷，自己陷入的究竟是什麼都不能做的重力問題，還是只是非常、非常困難的問題，需要花費很多工夫，犧牲奉獻，失敗率很高，但值得一試。接下來，讓我們以剛才提到的重力問題為例，告訴大家如何判斷。

　　騎單車的重力問題：你無法改變重力問題。必須改變地球軌道才能擺脫重力，而那是相當瘋狂的目標。算了吧，接受現實。一旦接受，你就自由了，改從情境下手，找出**能**做點什麼的事。碰上爬坡吃力問題的人，可以買輕型單車、試著減重、學習有效的最新爬坡技巧（用超小型齒輪快速踩踏板會比較輕鬆，靠耐力騎車，而不是蠻力；耐力是比較好培養的能力）。

　　詩人的收入：如果要改變詩人的平均收入，就得想辦法改變詩集的市場，讓人們付更多錢，購買更多詩集。嗯，是可以一試。你可以寫信給編輯，讚美詩的價值，也可以挨家挨戶敲門，邀請大家參加附近咖啡店舉辦的詩詞之夜，不過成功機率不大。就算這個

「問題」跟重力不一樣，並非完全不可解，不過建議還是當成不可行的情境就好。一旦接受這項事實，心力就能改放在替其他問題設計解決方案。

失業五年的求職者：相關統計數字明擺在眼前：如果失業很長一段時間，再度進入職場的困難度會增高。有人做過研究，一模一樣的履歷，只不過中間沒工作的時間長度不同，多數雇主會避開曾經長期中斷事業的人——雇主顯然在毫無依據的情況下，認定別人不在那段期間雇用你，一定有其原因。那是一個重力問題。你無法改變雇主的觀念。與其改變雇主的想法，不如努力改變你在他們面前的形象。你可以選擇先當志工，列出那段期間的重要專業成就（不需要提收入有多慘，留到後面再說）。你也可以在比較沒有年齡歧視的產業找工作。（戴夫慶幸自己年紀大了之後改行教書，他的年齡因而被視爲智慧的象徵，不必再努力在年紀只有自己一半、知道他不是數位原住民、跟不上時代的客戶面前，假裝是行銷專家。）就算現實不是很友善，也永遠有可以想辦法做點什麼的空間。找出那個空間，採取行動，不要一直抵抗重力。

家族企業的外人：好，在過去一百三十二年間，公司所有高層主管都姓「費鐸史蘭普」，沒有例外，但你覺得打破慣例的時間終於到了，你會成爲第一個打進高層的外人。只要工作做得好，再過三、五年，副總裁的位置就是囊中之物。OK，你可以投資三到五年時間，但千萬拜託，你在努力的過程中，心中要知道沒有證據顯

示你一定會達成目標。你可以自己決定要怎麼做，不過買彩券可能還比較快。你有其他選項。你可以努力工作，但跳槽到不是家族企業的公司。可是，你說你熱愛現在的城市，孩子也喜歡目前的學校，OK，那就想想目前這份工作的優點，接受它，讓自己轉念。由於是家族企業，所以這份工作很穩定，薪水也還過得去，是一家牢靠的公司。此外，因為你知道這輩子沒有一路升遷的機會，不需要負擔額外的責任，有辦法摸透工作內容，一星期三十五小時就能搞定，工作與生活取得良好平衡（有時間寫更多詩！）。此外，你也可以努力幫公司增加價值，而不是努力在公司裡往上爬。你可以找出讓公司成長或增加利潤的新功能、新產品，成為新事業的專家，人人倚重你的專業。你永遠只會是經理，升不上副總裁，然而公司都要仰賴你，你會成為全公司最高薪的經理。薪水一級棒的時候，誰還需要頭銜？

花十年成為醫學博士：這又是貨真價實的重力問題──除非你的生命設計計畫一開始就是改造醫學院教育（順帶一提，你得先是醫學博士，不然很難）。不，我們也不會選這條路。你可以改變想法。記住，醫學院第二年就可以開始治療病患與「行醫」。醫院大部分的醫生工作，都是住院醫生做的──也就是念完四年醫學院、取得醫學博士學位、開始走進病房實習的受訓醫生。如果你無法改變人生（因為重力的緣故），你可以改變思考。也或者，你可以決定走別條路──當醫生的助手，做很多醫生會做、但不需要花那麼

多時間與成本受訓的工作。也可以進入健康領域，替推動改革的保
險公司執行預防醫學計畫，為民眾的健康帶來影響，但不必從事臨
床照護工作。

　　重點是，不要讓自己卡在沒機會成功的事情上。我們全都懷抱
遠大的希望，想要改變這個世界。的確，我們應該挑戰政府，反抗
不公不義，爭取女權，追求食安，終結遊民問題，打擊全球暖化。
然而，做這些事的時候要有方法。打開心胸、接受現實後，就有辦
法重擬問題，改而關注有辦法採取行動的事情，設計出方法來參與
這個世界，努力從事自己關心、而且可能成功的事。本書想做的就
是這件事——讓讀者有最大的機會擁有想要的人生，享受其中的過
程，甚至可能順便改造世界。我們要幫助你在「現實」當中，打造
出有優良設計藍圖的人生——而不是沉浸在重力小、詩人是大富翁
的虛構世界。

　　面對重力問題時，我們唯一能做的就是接受它。這是所有優秀
設計師的起點，也是設計思考的「從此時此刻做起」或「接受」階
段。我們要接受現實，也因此，我們要從現在的立足點出發，而不
是從自己想抵達的地方出發，更不是從自認應該在的地方出發。一
定要從腳下的這塊地出發。

生命設計診斷

　　如果要從此時此地開始，首先得把人生分成幾塊不同的領域——健康、工作、遊戲與愛。前文提過，本書主要談工作，不過得先瞭解工作在人生中扮演的角色，才知道如何設計工作。換句話說，為了從此時此地開始，我們得先找出自己在哪裡，方法是清查一下現狀——盤點存貨，做一下估算，清楚找出自己現在是怎麼一回事，才有辦法回答一個永遠會碰到的問題：「最近如何？」（How's it going?）不過，首先我們定義一下，你的答案會提到的幾個領域。

　　健康：從文明的早期階段，哲人便知道要付出才能獲得健康。這裡所謂的健康，同時包括身、心、靈三方面——情緒健康、身體健康、心理健康。這三種健康的相對重要性要看你，你如何衡量自己幾個層面的健康程度，由你決定。不過，一旦找出如何定義「健康」之後，就得好好留意。你有多健康，完全要看你在回答「最近如何？」這個問題時，是如何評估自己的人生品質。

　　工作：所謂的「工作」，是指參與地球上不斷在發生的人類美好冒險旅程。你可能因此拿到錢，也可能不會，不過工作是指你所「做」的事。如果你的財務並不完全獨立，通常至少會因為部分的「工作」而拿到薪水，但永遠、永遠不要把工作的定義，窄化成能

拿到錢的事。多數人通常同時在做一種以上的工作。

遊戲：玩樂和趣味有關。觀察一下孩子玩遊戲的狀況（這裡講的是沾泥巴用手指畫畫，而不是踢冠軍足球賽），就能理解這裡講的「玩」是指什麼。只要是在做的過程中能帶來樂趣的活動，就是在遊戲。有組織的活動、競賽、生產活動也算，只要是「為了樂趣而做」，就是遊戲。然而，當一個活動的目標是贏、是進步、是達成目標──就算做起來「很有趣」，也不叫遊戲。那可能是件很棒的事，但依舊不是遊戲。我們要找出什麼事單純去做就會快樂。

愛：大家都知道愛是什麼。有愛或沒愛的時候，自己很清楚。愛的確可以讓世界運轉。缺乏愛的時候，世界似乎不再轉動。這裡我們不會定義愛是什麼（愛是一種各自表述的東西），而且我們也沒有找到真愛的公式（坊間有**很多書**可以幫你）。不過我們的確知道，愛這種東西必須付出心力。愛以各種形式來到我們眼前，例如對社區的愛、性欲的愛。愛也有各種來源，父母、朋友、同事、伴侶都提供愛。愛的形式與來源千變萬化，不過一切都與「人」和「連結」有關。你的生命中有哪些人？愛是如何在你和他人之間流動？

所以說，最近如何？

剛才提到的四個領域，「我們」無法替各位評估（任何人都沒辦法）。每個人至少有一個需要重新打造的人生領域。你需要先找

出需要設計的地方，好奇自己可以如何設計人生的那一塊。開拓往前走的路時，需要用上「覺察」與「好奇心」這兩種設計心態。

接下來的練習，可以幫各位找出自己目前的所在地，以及尚待解決的設計問題。不知道自己在哪裡的話，不可能知道要往哪走。

眞的，你不可能知道的。

請做一做接下來的練習。

那就是爲什麼史丹佛那塊牌子寫著：「你在這裡」。

健康／工作／遊戲／愛的儀表板

如果要清查目前的情形，找出自己在哪裡，可以看看「健康／工作／遊戲／愛的儀表板」（HWPL）。各位可以把它們想成汽車儀表板上的指針。指針會告訴你車子目前的狀況：汽油夠不夠上路？引擎油足以讓引擎順利運轉嗎？車體是否過熱、快要爆炸？同樣的道理，「健康／工作／遊戲／愛的儀表板」也會告訴我們，帶來人生精力、讓人專心走過人生旅程、使人生順利運轉的四樣東西，目前情況如何。

無效的想法：我理應知道要往哪裡走。

重擬問題：先知道自己在哪裡，才知道要往哪裡去。

接下來，我們要請各位評估自己的健康情形，以及自己工作、遊戲與愛的狀態。健康就跟地基一樣，被放在儀表板的最底層，不健康的話，人生其他事也不會順利到哪裡去。工作、遊戲與愛必須建立在健康的基礎之上，分別代表一定要關注的三個人生面向。這裡首先強調，沒有完美平衡這種事。每個人在不同時期，健康、工作、遊戲與愛的平衡狀態都不同。大學剛畢業的年輕單身者，可能身體非常健康，大量遊戲，努力工作，但尚未建立有意義的情感關係。帶孩子的年輕夫婦會有許多玩樂時間，但是跟他們單身或還沒生孩子時的玩樂很不一樣。此外，年紀愈大，健康就愈讓人關切。處於人生的不同階段，各有合適的平衡狀態，而事情達到一個平衡時，我們心裡都有數。

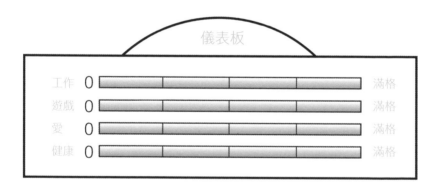

各位在思考自己的健康狀態時，不能單單考慮在醫生那兒做詳細健康檢查的數據情況。設計良好的人生，除了得靠健康的身體支

持，也必須有專注的心智，以及雖非絕對、但通常必需的某種精神修行。這裡所說的「精神修行」，不一定是指宗教。任何與超越世俗的信念有關的行為，都是精神方面的修行。同樣地，沒有完美的客觀指標能告訴我們，這三種健康要如何達到平衡。這只能靠主觀的個人感受，像是「我受夠了」或「生命裡似乎少了點什麼」。

　　雖然我們的目標不是達成完美的平衡，看一眼儀表板，有時可以得知事情有問題。接下來的圖表和汽車儀表板的警示燈一樣，可以告訴我們何時該停靠路邊，檢查一下哪裡故障了。

　　舉例來說，我們認識一位叫弗瑞德的創業家，他看了一下自己的儀表板，發現「健康」和「遊戲」兩格都沒油了。他的儀表板長得像這樣：

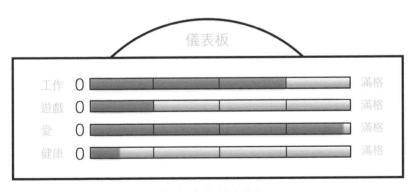

弗瑞德的儀表板

　　弗瑞德平常很小心，知道忙著開公司很可能毀了家庭關係，一

定要挪出時間給妻子與家人——也因此，他覺得自己的「愛」這項指標表現得還不錯。弗瑞德願意放棄大部分的遊戲時間，因為他把一切都賭在自己的新創公司，也願意接受這個面向缺乏平衡。然而，整體評估之後，他發現自己太過頭了，尤其是儀表板上的健康指標已然亮起紅燈。「要當一個成功的高績效創業者，尤其是處於新創公司的極端壓力之下，我不能生病。我得想辦法讓自己健康，我正在打造一間公司。」弗瑞德因此做了一些改變：他聘請個人教練，開始一週健身三次。利用通勤時間，一週聽完一本挑戰智力或探討性靈的有聲書。就這樣，弗瑞德做起工作，變得更有效率，而且工作與生活的滿意度大幅提高。

　　黛比是蘋果的產品經理，最近暫離崗位，回家帶雙胞胎兒子。她訝異自己的儀表板看起來還不錯。「我還以為現在的我沒在『工作』，便不再是『工作人』。我發現，如果好好重視自己替家裡和孩子做的工作，我現在完成的工作其實多過從前。此外，我好好照顧自己的身體與心理健康，讓自己享受和雙胞胎共度的高品質時間。儀表板證明我做了正確的選擇，趁孩子還小，我停止為了錢而工作。」

　　剛才是弗瑞德與黛比的故事；現在該你了，請動手畫出自己的儀表板吧。

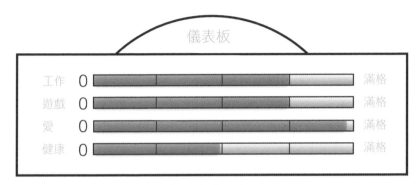

黛比的儀表板

你的健康指標

前文提過，健康不只要看「身」的健康，也要考量「心」與「靈」。身、心、靈的相對重要性，由你自己決定。請快速評估一下自己的健康，塗好格子——你的油是四分之一滿、半滿、四分之三滿，還是全滿？（比爾也塗了自己的儀表板，供大家參考。）

你如何幫自己的健康打分數，端看你如何評估生活品質，以及你想如何重新設計前進的方式。

健康

0 ▢▢▢▢▢▢▢ 滿格

比爾的例子

健康：整體而言，我的健康情況馬馬虎虎。最近做了詳細的健康檢查，膽固醇有點高，而且再瘦七公斤才是理想體重，運動不足，身材走樣，跑步趕捷運時，經常上氣不接下氣。我會閱讀並書寫自己生活、工作與愛的哲學；我閱讀關於心靈與身心連結的最新研究，不過記憶力衰退的速度比想像中來得快。每天早上，我會念一遍正面信念，這個儀式完全改變我對人生的看法。自從兒子出生後（二十一年前），我持續參加男性諮商團體，裡面的成員引導我、陪我走過許多性靈之旅。我認為自己的健康油箱是「半滿」。

0 ▓▓▓▓▢▢▢ 滿格

你的工作指標

列出你「工作」的所有方式,然後評估整體工作情形。此處假設清單上某幾件事會帶來收入,包括朝九晚五的工作,以及萬一第一份工作的薪水不夠、得另外做的第二份工作。此外,也包括你所做的一切顧問工作。如果你定期當某些組織的義工,也算進去。如果你和黛比一樣是家庭主婦/主夫,不要忘了,帶孩子、幫家人準備自製餐點、照顧年邁父母、做家事,也是各種形式的「工作」。

工作

0   滿格

比爾的例子

工作:我在史丹佛大學任教,另外還從事私人顧問工作。我主持「做自己的生命設計師」工作坊,並擔任社會責任新創公司 VOZ 的董事(無酬)。

0 　　　　　　　　　　　　　　　　　　　　　　　滿格

你的遊戲指標

　　遊戲是光是去做就會感受到樂趣的活動，可能包括組織活動或生產性活動，不過前提是目的單純是為了樂趣，而不是為了得到報酬。人人都需要遊戲，讓人生中有遊戲是關鍵的生命設計步驟。請簡單列出自己平常如何遊戲，接著塗好格子—你的油是四分之一滿、半滿、四分之三滿，還是全滿？

遊戲

0 　　　　　　　　　　　　　　　　　　　　　　　滿格

比爾的例子

遊戲：我平日會替朋友準備餐點，舉辦大型戶外派對——不過就這樣而已。

（順道一提，比爾認為儀表板這一項是紅燈。）

0 ▮▯▯▯▯ 滿格

你的愛指標

愛的確是讓世界運轉的力量。少了愛,世界黯淡無光,失去生氣。此外,愛需要付出,並且以各種形式出現。我們尋求愛的對象,第一個是最親密的對象(primary relationship),其次通常是孩子,再來是周遭其他人、寵物、社群,以及任何能投射情感的物品。此外,愛人與感覺被愛同樣重要——愛得是雙向的。在你的生命中,你或其他人誰正在付出愛?請列出名單,接著塗好格子。

愛

_____

0 ▮▯▯▯▯ 滿格

比爾的例子

健康:我的人生處處有愛,我愛妻子、孩子、父母、兄弟姐妹,他們也以各自的方式愛我。我愛各種藝術,尤其是繪畫,世上最能感

動我的東西就是畫作。我愛各種形式的音樂，音樂讓我快樂，也讓
我哭泣。我熱愛世上讓我屏息的美好空間，有的是人造空間，有的
是大自然的空間。

　　比爾的儀表板缺乏遊戲，身體健康也出了一些問題。這些「紅
燈」是比爾需要關注的地方。

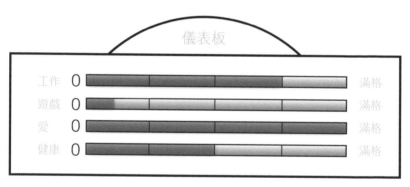

比爾的儀表板上，遊戲與健康是「紅燈」。

老實講，最近究竟如何？

　　只要找出「健康／工作／遊戲／愛的儀表板」目前的狀態，一

張圖就能提供判斷的依據與數據。只有自己知道，目前哪些地方OK、哪些不OK。

　　後面的章節會介紹更多的工具和概念，各位看完後，可以回頭看這一章的儀表板，看看是否有什麼地方不一樣了。由於生命設計是一個不斷打造原型與實驗的過程，沿途會有上坡和下坡路段。一旦開始用設計師的腦袋思考，就會知道人生永遠沒有完工的一天。工作永遠沒做完，遊戲永遠沒結束，愛和健康永遠沒盡頭。只有在死亡降臨的那一刻，我們才會停止設計人生。最後一刻來臨之前，我們永遠在打造下一件大事（next big thing）：塑造生命的面貌。我們永遠得問幾個問題：自己滿意目前四個領域的指標嗎？是否誠實以對？哪些地方需要採取行動？或許已經找到了「棘手問題」？我們有可能在早期階段就找到棘手問題。如果覺得已經找到，一定要先確認哪些是「重力問題」。問一問那個問題能否採取行動。此外，也要找出儀表板上達到平衡的地方，這對設計來說非常重要，不要想像人生的所有領域都處於完美對稱或平衡的狀態。健康、工作、遊戲與愛不太可能是完全均等的四塊，但要是失去平衡，就會出問題。

　　比爾發現自己的遊戲油箱太空。各位呢？你是否工作是滿格以上，遊戲卻只有四分之一格？愛呢？健康呢？你的「心」和「靈」健不健康？我們猜你大概已經開始覺得，人生這些領域需要設計一下或翻新一下。

　　開始用設計師的腦袋思考之後，別忘了一件重要的事：未來沒有絕對。既然沒有絕對，一旦開始設計一件事，那件事就有可能改變未來。

　　一定要抱持那樣的信念。

　　設計可以改變充滿可能性的未來。

　　因此，雖然不可能預知自己的未來，也無法在出發之前，就知道什麼是良好的生命設計，至少讀完本章後，各位已經清楚自己的起點。接下來，我們要引導各位找到正確的方位，以便邁向旅程。首先，我們需要一個羅盤。

牛刀小試
健康／工作／遊戲／愛的儀表板

1. 針對四個領域寫下幾句話，描述目前的狀況。
2. 在四個領域的儀表板上，標出自己目前的狀態（「零」到「滿格」）。
3. 問一問自己，在這些領域，是否有想要解決的設計問題。
4. 再問一問自己，那個「問題」是否為重力問題。

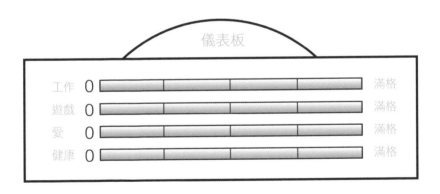

2

給自己一個人生羅盤

請回答三個問題：

你叫什麼名字？

你在追尋什麼？

自由飛翔的燕子在空中速度多快？

各位如果和大多數人一樣，前述三個問題，大概有兩題很好回答。我們都知道自己的名字，而且 Google 一查，很快就知道第三題的答案——時數二十四哩（各位如果是死忠的巨蟒劇團〔Monty Python〕影迷，就知道更完整的答案是二十四哩是**歐洲燕子**的飛行速度）。

好了，讓我們來看比較困難的那題——你在追尋什麼？有的人，如果把他們試圖**理解**人生的時間加起來，時數可能超過他們實際**活著**的時間，真真正正活著的時間。

我們都很會煩惱人生，不斷分析人生，甚至苦思冥想。然而不論是擔心、分析還是推測，都不是最佳的生命探索工具。而且多數人在使用這三樣工具時，總有被弄得迷失自我的時刻，在原地不停

打轉，花上幾週、幾個月，甚至是幾年，坐在沙發上想破了頭（或是坐在桌前，或是坐困一段關係），想找出接下來該怎麼辦，就好像人生是一個龐大的 DIY 計畫，但只有少數幸運兒拿到操作手冊。

這不是在設計人生。

這是藉由思考人生，把自己搞瘋。

本書要幫你改變那種作法。

我們要問的根本問題，如同希臘人以及世界上的其他人，在西元前五世紀就開始問的一樣：什麼是美好人生？如何定義？如何活出那種人生？從古至今，人們一直在問相同的幾個問題：

我為什麼會在這裡？

我在做什麼？

為什麼這件事很重要？

目的是什麼？

一切有什麼意義？

生命設計可以協助各位找出這些永恆問題的答案，找出對你來說什麼叫美好人生。戴夫回答「我為什麼會在這裡？」、「我在做什麼？」、「為什麼這件事很重要」幾個問題時，他的答案不同於比爾的答案。比爾和戴夫的答案也會和你不同。不過，我們全都在問相同的問題，而且每個人都能替自己的人生找到答案。

各位在上一章，已經回答我們最喜歡的問題 ——「最近如何？」我們在辦公室時間經常問這個問題。如果已經塗好生命設計

儀表板，就會知道哪些指標滿格、哪些指標快要沒油了。瞭解自己的生命設計儀表板現況，是設計人生的第一步。

下一步是打造羅盤。

打造你的羅盤

打造人生羅盤需要知道兩樣東西——「工作觀」與「人生觀」。首先，得找出工作在你心目中的意義。工作是為了什麼？你為什麼要工作？怎樣才算「好」工作？只要有辦法提出自己的工作哲學（工作的目的、為什麼要工作），就比較不至於把生命設計的主控權交給別人。寫下工作觀是打造人生羅盤的第一步，找出人生觀是第二步。

人生觀這種事聽起來有點虛無縹緲，但其實不然——每個人都有人生觀。你可能不曾仔細想過自己的人生觀，但只要活著，就會有人生觀。人生觀其實就是你對世界的看法，你認為世界是如何運行。人生的意義是什麼？人生的價值來自何方？你的人生，和家人、社區、世界上的人的人生，有什麼關聯？為什麼名利與個人成就會帶來令人心滿意足的人生？在你的人生中，體驗、成長與滿足感有多重要？

寫下工作觀與人生觀，並完成接下來的練習後，各位就擁有自己的羅盤，開始踏上經過妥善設計的生命道路。別擔心，工作觀與

人生觀會改變，青少年時期的工作觀與人生觀、大學剛畢業的工作觀與人生觀、空巢期的工作觀與人生觀，全都不太一樣。一輩子要怎樣過，不必一次統統想好，只需要替現在的自己找出眼前生活的羅盤。

著名教育改革家、《與自己對話》（*Let Your Life Speak*）的作者帕克‧巴默爾（Parker Palmer）分享過自己的經驗。有一天，他突然明白，自己簡直在盡力過別人的人生。帕克原本努力追隨心目中的英雄：一九五〇、六〇年代的重要社會正義領袖金恩博士與甘地（Gandhi）。由於帕克重視兩位前輩的觀點與目標，他依據他們在世上的羅盤，而非自己的羅盤，去設定自己的人生道路，努力從內部改變教育體制。就這樣，帕克拿到柏克萊加大博士學位，一路照著設定的路走，努力成為人人敬重的大學校長。很棒的人生道路，只不過帕克痛恨這樣的人生。他發現金恩博士與甘地這樣的人士帶給他很大的啟發，但不代表自己非要走和英雄一模一樣的道路不可。帕克因此重新設計人生，改當思想領袖與作家──依舊是為相同目標努力，但不必模仿他人的人生，而是做自己。

重點是，這世上有很多催促的聲音，我們的腦袋裡也有很多催促的聲音，那些聲音指揮我們、叫我們做某些事、當某種人。由於人生該怎麼活，有太多榜樣，我們都可能和帕克一樣，不小心用了別人的羅盤，活了別人的人生。要避免掉入這種陷阱，最好的方法就是清楚說出自己的工作觀與人生觀，打造自己專屬的羅盤。

　　本章在協助各位打造人生時，目標很簡單：我們希望你的人生有「一致性」（coherency）。有一致性的人生，能夠清楚串起三件事：

- 你是誰
- 你的信念是什麼
- 你目前在做什麼

　　舉例來說，如果你的人生觀寫著，你的信念是替後代子孫留下更美好的地球，而你替一家污染地球的大企業工作（但薪水真的很優渥），你的信念與你所做的事之間缺乏一致性──也因此，你會感到失望與不滿。多數人都是這樣，在人生的道路上必須做出某種取捨、某些妥協，有時可能得做不喜歡的讓步。如果你的人生觀是「藝術是唯一值得追求的事」，但你的工作觀說，一定要賺到足夠的錢，讓自己的孩子不虞匱乏，那麼在孩子還小、得依靠你的時期，你的人生觀就得做出妥協。不過，就算妥協也沒關係，因為那是你有意識做出的決定，你依舊朝著自己的方向前進，依舊擁有一致性。活得一致，意思不是說，一切事物在同一時間都能完美配合，而是一路走來，不違反、不犧牲自己的價值觀。有理想的羅盤引導，你將有辦法和自己達成這種協議。如果能看出自己是誰、自己的信念和所做的事之間的關聯，你會知道自己是否：一、走在正確道路

上；二、目前碰上了壓力；三、必須深思熟慮後做出妥協；四、需要讓人生大轉彎。依據我們的經驗，學生一旦有能力串起這三件事，會更加認識自己，更能替自己的人生帶來意義，也更滿意自己的人生。

　　輪到各位了，請開始打造自己的羅盤，出發尋找想要的事物。眼前你要追尋的東西很簡單（不是找到聖杯），你的目標是設計人生。每個人一生追求的東西，可能很相似──健康長壽的人生；做起來開心、有意義的工作；充滿愛和意義的情感關係；以及樂趣十足的人生。然而，每個人預備得到這些東西的方法，十分不同。

找出工作觀

　　請用簡單的一段話，寫下你的工作觀。不用寫得像學期報告（我們也不會替你打分數），但必須真的寫下來，不要只是在腦中想一想而已。請花半個小時，努力寫下兩百五十字──用電腦打字的話，還不到半頁。

　　寫下工作觀的時候，記得提到，對你來說，工作是什麼、工作的意義是什麼。不要只列出自己想從工作中得到什麼，要解釋整體而言你如何看待工作。什麼是好工作，每個人的答案不同。描述工作觀時，可以提到幾個問題：

- 為什麼要工作？
- 工作是為了什麼？
- 工作的意義是什麼？
- 工作和個人、他人、社會有什麼關聯？
- 什麼叫好工作或值得做的工作？
- 金錢和工作的關聯是什麼？
- 經歷、成長、成就感和工作的關聯是什麼？

　　我們多年來協助學生做這項練習時，發現工作觀對多數人來說，是相當新穎的概念。此外，有的人之所以會在這個練習卡關，是因為他們只寫下理想的工作或職場。那叫「工作職責說明」（job description），不叫工作觀。這項練習的重點，不是找出各位想做什麼樣的工作，而是**為什麼要工作**。

　　這個練習的目的是找出自己的工作哲學——工作是為了什麼？工作的意義是什麼？基本上，這等同於工作宣言。這裡的「工作」是指定義最廣泛的工作——不只是為了錢或替「某個職務」做的事。大部分人醒著的時候，都在工作。工作在一生之中，占據我們最多的注意力與精力。也因此，我們建議各位花時間好好想一想，釐清工作與職業對自己的意義（也可以寫下你希望工作對別人來說所代表的意義）。

　　工作觀涉及各式各樣的議題，例如服務他人與世界、金錢與生

活水準，以及成長、學習、技能與天分。工作的等式中可能包含以上幾個項目。這項練習希望能讓各位找出心目中重要的事，工作的目的不一定是服務他人，也不一定要和社會議題有明確關聯。不過，正向心理學家馬丁・賽里格曼（Martin Seligman）[1] 發現，能夠找出「自己的工作」與「社會意義」之間的明確關聯，比較可能獲得滿足感，也較能適應工作時不免會碰上的壓力與妥協。由於多數人告訴我們，他們想做讓人有滿足感、有意義的工作，我們鼓勵大家多多探索前述問題，寫下自己的工作觀。工作觀是人生羅盤不可或缺的要素。

找出人生觀

這個練習和剛才的工作觀一樣，請思考一下，寫下自己的人生觀。頂多花三十分鐘，大約寫兩百五十字。萬一不曉得怎麼寫，可以看看人生觀通常會提到的以下幾個問題。重點是根據你的理解，寫下人生最關鍵的基本價值觀與觀點。人生觀可以解釋成「人生終極目標」，也就是你這輩子最在乎的事。

- 人活在世上是為了什麼？
- 人生的意義或目的是什麼？
- 個人與他人之間的關聯是什麼？

- 家庭、國家與世上其他事，對我的人生有什麼意義？
- 什麼是善，什麼是惡？
- 世上是否有更崇高的力量，例如神或其他至高無上的事物？有的話，那對你的人生造成什麼影響？
- 喜悅、悲傷、正義、不公不義、愛、和平、衝突，在人生中扮演什麼角色？

　　這些的確是頗具哲學意味的問題，甚至提到了「神」。有的讀者覺得神不重要，有的讀者希望我們把神當成最重要的議題。前文我們一再提到，生命設計沒有對錯，也因此我們不會選邊站。剛才提出的種種問題（包括關於神和性靈方面的問題），只是為了刺激各位思考。想回答哪幾個問題，可以自己決定。此處的重點，不是要各位為了宗教或政治辯論而寫下論點，也沒有錯誤答案──人生觀沒有對錯。唯一不正確的作法，就是根本不去思考自己的人生觀。此外，記得要保有好奇心，用設計師的腦袋思考。提出對自己有意義的問題，自己決定問題，接著看看會發現什麼。

　　請寫下你的答案。

　　預備，開始！

一致性，以及工作觀和人生觀的整合

請讀一遍自己的工作觀與人生觀，接著寫下對三個問題的看法（盡量每一題都回答）：

- 我的工作觀與人生觀有哪些相輔相成的地方？
- 哪些地方彼此矛盾？
- 工作觀能否促進人生觀？人生觀能否促進工作觀？怎麼說？

花一點時間，試著寫出如何整合自己的工作觀與人生觀。我們的學生說，他們通常在此時「恍然大悟」。因此，請認真看待這個練習，想一想目前整合的情形。反思兩者整合的程度通常會讓人修改工作觀或人生觀，也可能兩者都修正。工作觀與人生觀能夠協調，就愈可能清楚知道如何活出一致、有意義的人生，也就是你是誰、你的信念、你所做的事，這三件事站在同一陣線。精確的羅盤在手，就永遠不會迷途太久。

真北

好了，現在你弄清楚自己的工作觀與人生觀，而且兩套觀念彼

此整合。工作觀與人生觀可以帶來地球科學所說的「真北」（True North），彷彿羅盤在手，自己是處於正確航道或偏離航道，一目瞭然。各位可以隨時停下來，判斷自己是否朝著真北走。人很少能夠順風航向美麗的人生，永遠無往不利。所有的水手都知道，航道不能設成一直線，得配合風向與海象。朝著真北前進，有時得改走另一條路，換個方向，再繞回來。有時風浪太大，不得不暫時靠岸，隨機應變。有時暴風雨來襲，完全失去方向，甚至整艘船翻覆。

天候不佳時，我們必須藉著工作觀與人生觀，重新找到方向。任何時候，只要覺得人生卡關，或是經歷重大轉型，最好重新校準羅盤。我們一年至少會校準一次。

將車子的前後輪對調一下。

替煙霧偵測器換電池。

再次確認工作觀與人生觀是否一致。

不論是轉換環境、追求新事物，或是覺得目前的工作不曉得在幹嘛，那就停下來。上路前，最好看一下羅盤，幫自己定位。有了羅盤，接下來是「找出你的道路」。

畢竟人生是一場追尋的旅程，沒路怎麼走下去。

無效的想法：我理應知道要往哪走！

重擬問題：我不會隨時都知道該往哪走，但永遠知道自己是否朝正確的方向前進。

牛刀小試
工作觀與人生觀

1. 花三十分鐘，簡單寫下自己的工作觀，約兩百五十字就好——打字的話還不到半頁。

2. 用大概兩百五十字，概略寫下自己的人生觀，不要花超過半小時。

3. 讀一讀自己的人生觀與工作觀，回答三個問題：

   a. 我的工作觀與人生觀有哪些地方相輔相成？

   b. 哪些地方彼此矛盾？

   c. 我的工作觀能否促進我的人生觀？人生觀能否促進工作觀？怎麼說？

3

找出一條路

　　住在加州中部某小型大學城的男孩邁可，過著幸福快樂的日子，人緣好，又是運動高手，身邊總有一群朋友，逍遙自在，過著天之驕子會享受的生活。邁可不曾花很多時間思考或計畫未來，只是隨遇而安，日子似乎自然而然就很美好。不過，邁可的母親不同，她有計畫，很多很多計畫。她幫邁可都計畫好了，他要念大學，要上哪所大學她都選好了，就連主修也選好了，邁可因此進入位於聖路易斯奧比斯保（San Luis Obispo）的加州理工州立大學（Cal Poly），主修土木工程。邁可沒有特別努力成為土木工程師，一切不過是按照母親的安排走。

　　邁可的成績還可以，順利從大學畢業，接著和史蓋拉談起戀愛。史蓋拉取得學位後，搬到阿姆斯特丹，當起企業顧問。邁可跟隨史蓋拉，在阿姆斯特丹找到理想的土木工程工作，平日表現也還可以。邁可過著別人幫他選好的人生道路，依舊幸福快樂，不曾停下腳步思考自己想做什麼、想成為什麼樣的人。他從未弄清楚自己的人生觀或工作觀，永遠讓別人決定他的人生航道與方向。到目前

為止，這樣也沒什麼不好。

　　邁可在阿姆斯特丹待了一陣子後，和現在已經是老婆的史蓋拉回到加州，史蓋拉找到自己喜歡的好工作，邁可也在附近一間土木工程公司任職。此時，問題開始湧現。受人敬重的土木工程師該做的事，邁可都做了，他卻開始感到無聊、焦躁、生活悲慘。他活得不開心，感到茫無頭緒，但也不曉得該如何是好。這輩子頭一遭，他的人生計畫不管用了，前途茫茫，不曉得該往哪走。

無效的想法：工作本來就不會讓人感到開心；那就是為什麼工作叫工作。

重擬問題：享受其中的感覺，可以引導你找到正確工作。

　　很多人都給邁可建議。幾個朋友認為問題出在他是替別人工作，建議他自己創業。岳父則告訴他：「你很聰明，你是工程師，數學一級棒，你應該改做金融業，當股票經紀人。」邁可考慮身旁五花八門的建議，開始盤算怎樣才能離職，回學校念金融，或許念個商學院好了。邁可考慮了所有選項，因為老實講，他不曉得問題出在哪。他土木工程做得不好嗎？土木工程這一行讓他失望？或許忍一忍就好了？不過就是份工作，不是嗎？

錯。

找出自己的路

　　找路是一項古老的技能，在不清楚目的地的前提下，找出自己要往哪走。要找到路，得有羅盤，還得知道方向。不需要有地圖，但是得有方向。舉十九世紀美國探險家劉易斯與克拉克（Lewis and Clark）的例子，傑佛遜總統（Jefferson）派他們前往美國在路易斯安那購地案（Louisiana Purchase）取得的土地、一路前進到太平洋時，他們手中沒有地圖，只是一路朝大海前進，一路繪製地圖（一共畫了一百四十張）。尋找人生道路也像那樣，由於沒有「單一」的明確目的地，無法將目標輸進 GPS，依據左拐右彎的指示抵達終點，只能仔細觀察眼前的線索，想辦法靠著手中的工具前進，而第一條線索是「投入程度」與「精力」。

投入程度

　　土木工程其實並未讓邁可失望，他只是不夠留心自己的生活。他知道事情不對勁，但不曉得哪裡有問題。三十四歲的他，不曉得自己喜歡什麼、不喜歡什麼。他向我們求助時，幾乎要完全放棄原本的人生與職業生涯，但說不出個理由。我們要他花幾週的時間，

每天下班後，做一個簡單的日誌作業，寫下一天之中，什麼時候對
工作感到無聊、厭倦或不開心，以及當下他在做什麼（**心不在焉的
時候**）。此外，我們也要邁可寫下自己在工作時，哪個瞬間感到興
奮、專注，擁有好時光，以及當下他在做什麼（**全神貫注的時候**）。
邁可做的這項作業，叫「好時光日誌」（Good Time Journal）。

為什麼要請邁可做這個作業（沒錯，我們也會請各位做）？因
為我們試著讓他找出自己擁有好時光的時刻。知道哪些活動讓自己
專注，就能找出可以在生命設計任務中派上大用場的事。不要忘
了，設計師非常重視「行動」，不只會花力氣思考事物，還會非常
用心地觀察行動。記錄自己專注與不專注、有精神與沒精神的時
刻，就能留意自己的行為，找出有問題的地方。

心流：全神貫注

心流（flow）是加強版的專注，一種時間靜止的狀態。當我們
處於心流中，全神貫注投入一項活動，那項活動帶來的挑戰，和我
們的能力旗鼓相當──不會因為太簡單而感到無聊，也不會因為太
困難而感到焦慮。據說這種專注的狀態，會令人們感到「欣快」
（euphoric）、「興奮刺激」或是「棒透了」。心流的「發現者」
米哈里・契森米哈里（Mihaly Csikszentmihalyi）教授，自一九七〇
年代起就在研究這種現象。他首度提出心流概念時，研究了數千位

人士詳細的日常活動，抽取出這種非常獨特的全神貫注。[1]

處於心流狀態的人士具備幾種特質：

- 完全投入於活動之中。
- 感到狂喜或欣快。
- 心中澄明──知道該做什麼、怎麼做。
- 全然地鎮定與祥和。
- 感覺時間是靜止的──或是轉眼即逝。

心流幾乎可以發生在任何體能或心智活動期間，而且通常兩者兼具。戴夫在設計課程教案每分鐘的時間分配時，會進入心流。開船出航與起風時調整帆面，也會讓他進入心流。比爾自承是心流成癮者，他在指導學生、記錄創意點子，以及用最愛的刀具切洋蔥時，最容易進入心流。心流是一種「難以形容、但感覺到時就會知道」的質性經驗，每個人得靠自己找到心流。心流體驗是一種全然的專注，對設計生命來說很重要，也因此好時光日誌上，一定要記下那些時刻。

心流是成人的「遊戲」。前文提到生命設計儀表板時，我們已經評估過自己的健康、工作、遊戲與愛的狀態。在繁忙的現代生活中，「遊戲」是最難做到的一項。有人覺得，身上有太多責任，沒時間玩。當然，我們的確可以在處理工作與日常瑣事時，努力用上

自己喜歡運用的技能，不過老實講，工作就是工作，不是遊戲。嗯，
也許是這樣，也許不是。心流是「成人遊戲」的關鍵。令人擁有高
度成就感的工作，經常帶來心流狀態。遊戲的精神是全神投入，享
受自己在做的事，不會一直因為擔心結果而分心，我們處於心流時
也是那樣——全心全意專注在自己所做的事情上，認真到甚至不會
注意到時間。從這個角度來看，努力讓心流成為工作生活（以及家
庭生活、運動生活、戀愛生活……萬事萬物）的一部分是好事。

精力

　　除了專注，找路時第二個要留意的線索是精力。人類和天地萬
物一樣，需要能量，才能活下去，並且茁壯。從前從前，男女老幼
的多數日常精力花在體能活動上。人類史上的多數時期，男男女女
忙著狩獵與採集、養育後代、種植農作物，大部分光陰都用於密集
消耗精力的體力勞動。

　　今日則有許多人是知識工作者，靠腦袋來扛重物。大腦是大量
消耗能量的器官。我們一天大約消耗兩千卡路里，其中五百被大腦
用掉。數據十分驚人，大腦才約占人體重量的二％，卻占去一天攝
取能量的四分之一，也難怪我們**努力讓自己專注**的方式，深深影響
我們感到精力充沛或委靡不振。[2]

　　我們從早到晚都在從事體力活動與心智活動。有的活動可以維

持精力，有的則會消耗精力；好時光日誌練習的其中一個項目是追蹤精力流。一旦好好掌控自己一週的精力流向，就能重新設計活動，讓自己活力充沛。別忘了，生活設計的重點，是讓目前的生活更圓滿——不一定要重新打造全新的生活。就算各位讀這本書，可能是想做一些重大的人生改變，但大部分的生命設計，目標是在不做任何重大結構改變的前提下，就改善目前的人生，例如不必換工作、搬家，或是重返校園念研究所。

各位可能會疑惑：「追蹤精力充沛的程度，不是和追蹤投入程度差不多嗎？」可以這麼說，但也不完全一樣。投入程度高，通常也會感到精神好，不過未必如此。戴夫有一位同事，是頭腦轉得快的傑出電腦工程師，他覺得替自己的觀點辯護需要即席發揮，是令人全神投入的活動。他很擅長表達觀點，同事也常請他代為發言。然而，他發現捲入這類的爭辯，令他感到精疲力竭，就算最後「贏了」也一樣。他不是個愛爭辯的人，雖然靠頭腦打敗別人的當下很有趣，事後卻總是感到沮喪。精力的特點，在於數值可能變成負的——有的活動會吸光我們所有的活力，無力做接下來所有的事。無聊很吸精力，但是要從無聊中恢復元氣，遠比從精疲力竭中復原來得容易，也因此，一定要特別注意自己的精力指數。

樂趣

　　邁可開始記錄好時光日誌，留意自己在哪些時刻能夠專注，何時處於心流狀態，什麼事會讓自己精力充沛之後，他發現自己在解決困難、複雜的工程問題時，其實是喜歡做土木工程師這份工作的。讓他精疲力竭、人生悲慘的時刻，則包括碰上難搞人士、不得不費力與他人溝通、做行政事務，以及處理其他與複雜工程問題無關的雜事。

　　就這樣，人生第一次，邁可開始仔細留意自己喜歡做哪些事，最後的結果出乎意料。邁可只不過是找出自己享受的工作時刻、哪些事導致精力增加或減少，就發現自己其實喜歡土木工程。他討厭的是人事問題、撰寫提案，以及費用協商。他只需要想辦法調整工作，多做一點喜歡的事，少碰一些討厭的事，就可以了。邁可最後沒去念商學院（大概不會有好結果，而且貴死了），而是投入更多心血學習土木，最後念了博士，現在是高階土木與結構工程師，大部分時間都是獨自一人解決令他真心快樂的複雜工程問題。由於他的技術太寶貴，沒人敢再叫他做行政事務。一天要是順利，他回家時，精力比早上離家時還充沛──真是太棒的工作方式。

　　替人生找路時，另一個關鍵線索是跟著樂趣走，追隨會讓自己專注與興奮、帶來活力的事情。大部分的人都被教導，工作永遠是苦差事，忍著點就對了。任何的工作、任何的職業，總有辛苦又煩

人的地方——要是工作時，你做的大部分事情都沒帶來活力，那麼那份工作就是在讓你一點一滴死去。而且職業會伴隨一生，人一生有大量時間花在那上頭——我們計算過，人的一生會花九萬至十二萬五千小時工作。要是工作不有趣，人生會有大量的糟糕時光。

好吧，那工作怎樣才會有趣？答案可能不是各位所想的那樣。工作會有趣，不是因為辦公室永遠在開派對，不是因為收入很不錯，不是因為一年有數週有薪假。當一個人充分利用自己的長處，深深投入所做的事，因此活力充沛，工作就會充滿樂趣。

那目標呢？

我們講到這裡的時候，常被問到：「說得很有道理，但人生的目的和使命呢？人生不只是要投入以及要有精力而已。我想做自己在乎的工作，我想做重要而有意義的工作。」

沒錯！那就是為什麼第二章提及要找到自己的羅盤（一致的工作觀與人生觀），一定得評估自己的工作，有多符合自己的價值觀與人生優先順序，也就是工作與你是誰、你的信念**一致**的程度。本章並沒有說，人生完全只看投入的程度與精力多寡，而是說這兩項指標可以提供找路的線索。生命設計來自各種可以彈性運用的概念與工具。本書提供各式各樣的建議，然而要專注在哪些事項、要如何組織生命設計專案，最終一切都由你自己決定。好了，現在開始

記錄好時光日誌吧。

練習記錄好時光日誌

接下來要請各位和邁可一樣，撰寫好時光日誌。怎麼記錄都可以。可以全部手寫，看是要用裝訂式日記本，或是三孔活頁夾，記錄在電腦上也行（不過我們大力推薦手寫，日記本或活頁夾比較好塗塗畫畫）。最重要的是，一定要定期記錄，所以請選擇自己最喜歡、最可能做到的筆記方法。

好時光日誌要記錄兩件事：

- 活動記錄（記錄自己專注、精力充沛的時刻）
- 反省（發現自己學到什麼）

「活動記錄」是指列出平日從事的主要活動，以及從事那些活動時有多「專注」 (圖) 與「精力充沛」 (圖) 的程度。建議各位每天都做一下活動記錄，一定能挖到許多有用的資訊。如果兩、三天記錄一次，比較容易做到，也沒關係，不過一週至少要記錄兩次，不然會漏掉太多東西。如果選擇用活頁夾，可以利用章末的工作單，製作記錄表，在圖示上標出活動帶來的「專注」 (圖) 與「精力」程度 (圖) （或是到 www.designingyour.life 下載）。各位也可以在日記

本上，自己畫儀表圖（或是任何喜歡的「專注」與「精力」圖示）。哪種方法簡便，就用哪種方法，重點是把資訊記錄在紙上。

　　每個人會因爲不同的工作活動而產生動力。各位的任務，就是找出讓自己動起來的事——愈詳盡愈好。這可能得花點時間才能找到，因爲如果你和多數人一樣，你大概從沒留心過這些事。有時過完一天回到家時，我們的確會說「今天**太棒了**」或「今天**爛透了**」，但通常不會仔細分析，究竟是哪些細節帶來那樣的體驗。一天由眾多時刻組成，有的很棒，有的很糟，多數時候則是不好也不壞。日誌讓我們分析一天之中的細節，找出能享受當下的時刻。

　　好時光日誌的第二部分是「反省」，也就是看著活動記錄，找出趨勢、心得，或是意想不到的事——任何讓一天順或不順的線索，都可以記下來。建議各位持續做三週的活動記錄，或是需要花多久時間，就花多久，以找出目前生活可能碰到的所有活動（有的活動可能幾週才做一次）。此外，我們也建議做每週的好時光日誌反省，不要只反省各項活動的單次體驗。

　　請在好時光日誌的空白頁，寫下每週的反省。

　　以比爾最近的好時光日誌活動記錄爲例，以下是他的自我反省：

　　比爾注意到繪畫課與辦公室時間，一向能帶來心流狀態。此外，教書與「約會之夜」兩項活動帶來的精力，遠超過他消耗的精力。多做那一類的活動，絕對可以提升整週的精力。每週要開的系

所會議，有時充滿有趣對話，有時沒有，也因此，他這一項的精力油表，同時畫了兩根指針。再來，預算會議不出意料吸光比爾一整天的精力——他一向不喜歡和會計有關的事（雖然他知道這很重要）。

比爾調整自己的行事曆，要做投入程度低的活動時，前後安插投入程度高的活動，讓自己做「負能量工作」時得到獎勵。從事負能量活動最好的方法，就是確認自己得到充分的休息，儲備「好好做」那件事所需的精力。負能量工作要是做不好，可能又得重來一遍，要消耗的精力就更多了。

出乎比爾意料，指導碩士班學生大量消耗他一週的精力。他喜歡碩士班學生，花最多時間與他們相處。記錄一陣子之後，比爾發現兩件事：（一）他指導學生時，選擇了不理想的環境（嘈雜的研究生工作室）；（二）他的指導互動不夠有效率——學生聽不懂。比爾觀察到這兩件事之後，便重新設計星期二晚上那一班的環境（換教室）。此外，他原本一對一指導學生，改成小組指導，讓學生在互動過程中互相幫忙。以上幾項調整的效果非常好。幾週後，比爾在輔導時間都能進入心流狀態。當然，預算會議依舊令人頭痛，不過開這種會的時間不多，而且輔導學生期間產生的心流時刻，讓比爾更能忍受開會。

比爾主要利用好時光日誌，改善目前的生活設計；邁可則靠著日誌，找出策略性的下一條職業道路。兩個人目的十分不同，結果

- 藝術課
  有趣的人物寫生

- 擬定預算
  新年度的事務

- 辦公室時間
  大量ME-101新生

- 系所會議
  嗯……要看主題

- 教書
  很棒的課

- 指導碩班生
  眾多技術流程問題

- 運動
  今日3.2公里

- 約會之夜
  提早離開煮晚餐

也非常不同，但運用了完全相同的技巧——仔細留意哪些活動讓自己專注且精力充沛。

聚焦時間——多做讓人生美好的事

　　等記錄了一、兩週，蒐集到一定數量的好時光日誌資料，留意到值得關注的事情，就可以開始「聚焦」，進入練習的下一個階段。我們知道如何留意日常細節後，一般也會留意到某幾條記錄可以更明確一點：聚焦一下，看得更清楚。記錄愈精確愈好；愈知道什麼行得通、什麼行不通，就愈知道朝哪個方向找路。舉例來說，如果原本寫下：「員工會議——今天居然覺得滿開心的！」仔細一想，當時明確發生的事，其實是：「員工會議——今天我把瓊的話重講一遍，每個人都說：『哇，沒錯！』」後面這個較明確的版本，提供的資訊比較有用，可以得知究竟是因為哪個活動或做了什麼事，讓自己全心投入，自我覺察的功力因而提升。日誌上有細節，反省就會更深刻。因此記錄員工會議的反省時，可以問自己：「我更投入，是因為**巧妙重述瓊的話**（點通大家），還是因為**成功促進共識**（當那個讓大家異口同聲說「就是這樣！」的人）？」如果發現前者才是員工會議的甜蜜點，那項重要發現讓你知道，需要多尋找提出有益建言的機會，而不是促進團隊共識的機會。請多做這方面的實用**觀察與反省**（不過不要過頭，不然反而會卡住）。

「AEIOU 法」

在好時光日誌的反省部分找到有用的觀察，有時並不容易，也因此，設計師會靠一種工具來做詳盡、準確的觀察——進階版的好奇心態。各位在反省活動記錄時，「AEIOU 法」[3] 提供五類可派上用場的問題。

活動（A，Activities）：你實際上在做什麼事？是有組織、還是無組織的活動？是否扮演特定角色（團隊領袖），還是只是參與者（與會者）？

環境（E，Environments）：環境深深影響我們的心情。身處足球場是一種感覺，身處大教堂又是另一種感覺。請留意自己參與活動時，身處何方。那是什麼樣的地方？帶來什麼樣的感覺？

互動（I，Interactions）：當時互動的對象是什麼——人或機器？那是一種新型互動，還是熟悉的互動？正式或非正式？

物品（O，Objects）：你是否和任何物品或裝置互動——iPad、智慧型手機、曲棍球桿或帆船？是什麼物品帶來或加強投入的感覺？

使用者（U，Users）：一旁有誰？他們帶來正面或負面的體驗？

AEIOU 法可以讓我們有效聚焦，找出究竟是什麼樣的人事物

帶來好時光／壞時光。接下來有兩個例子：

　　琳達是文件撰寫人員，專門替專業人士撰寫使用手冊流程。她認為自己討厭和人一起工作——主要原因是開完會後，她會感覺很糟，但一整天只有寫東西時，感覺很好。琳達記錄了好時光日誌、利用 AEIOU 法之後，她開始想，有沒有可能永遠都不必開會，但也能賺到錢。她聚焦之後，發現自己其實喜歡與人相處——前提是一次只見一、兩個人，一起努力寫東西，或是快速腦力激盪出新的專案點子（活動）。琳達討厭和計畫、進度表、事業策略有關的會議，以及所有超過六人的會議；人太多的時候，她無法追蹤所有不同的觀點（環境）。琳達發現，自己工作時極度專注，而合作的形式（互動）會影響她的專注力，身旁的人（使用者）也會讓她更加專注或無法專注。

　　芭斯拉就是喜歡高等教育的氛圍，不管做什麼都沒關係——只要身處大學校園，她就會開心（環境），也因此大學畢業後，她在大學工作。有五、六年的時間，芭斯拉不管做什麼都非常開心，幫忙募款，也做新生性向測驗（活動）。然而，開心的感覺開始消退，她擔心自己和校園工作緣分已盡。她做了好時光日誌練習後，發現自己依舊熱愛大學，但做錯了工作。如今她快三十歲了，光是待在喜歡的環境還不夠，現在職務內容也很重要。先前她因為接受升

遷，不再待在學生事務處，平日原本跟眾多有趣的學生互動，如今
轉而處理法律事務，與行政人員和律師（使用者）開許多會議，以
及做文書作業（物品）。芭斯拉發現自己不喜歡升職後所做的事，
於是讓自己稍微降級，調至大學住宿辦公室，她再度有機會接觸更
具建設性的互動，無須做太多文書作業。

　　各位做好時光日誌反省時，請試著利用 AEIOU 法，得到更深
入的觀察。請把想到的事都記錄下來，不要批判自己——沒有所謂
正確或錯誤的感受。相關資訊將在生命設計中派上大用場。

回顧過去的輝煌時刻

　　我們的過去，也等著我們挖掘，尤其是站在世界頂端的「高峰
經驗」（peak experience）。就算是很久以前的事，過去的「高峰
經驗」也能告訴我們許多事。請花點時間，回顧過去與工作有關的
高峰經驗，放進好時光日誌的活動記錄，接著反省一下，看看能歸
納出什麼心得。我們還會記得那些事，一定有原因。各位可以用條
列方式，找出高峰經驗，也可以寫成一段話或故事。把從前的好時
光寫成故事，是令人開心的一種練習，例如回想自己的團隊當年籌
畫的「王牌銷售會議」，今日公司依舊蕭規曹隨；或是某次你寫下
的流程手冊，今日仍然是公司給新進文件撰寫人員的範本。寫下高

峰經驗，將使我們更容易從曾經最投入、帶來最多精力的活動，找出今日能派上用場的心得。

如果你目前不處於能成功記錄好時光日誌的情境，如待業中，過去的經驗會特別有用。如果職業生涯剛起步，經驗不多，也是一樣，可以回想先前在其他領域做過的成功活動（幾十年前的也沒關係）。記錄過去關於學校、暑期課程、義工專案的好時光日誌，或任何曾經認真參與過的事務，將是很有用的日誌。回顧過去時，記得不要多加修飾——不要過度美化好日子，也不要過度批評不開心的時光，試著誠實以對。

享受旅程

本章介紹的留意生活的方法，可以引導大家找出接下來的路，和探險家劉易斯與克拉克一樣，開始替自己發現的新領域繪製地圖，看出前方全新的可能性。此外，我們覺察的功力將更上一層樓，真正探索萬事萬物帶給自己的感受（而不是父母親、老闆、另一半怎麼說）。你開始找到路——從目前的所在地，抵達下一個或許能展開新生活的地方。有了羅盤與好時光日誌心得的幫忙，一定找得到路。

邁可找到自己的路。

劉易斯與克拉克找到自己的路。

你也能找到自己的路。

接下來，我們會盡量提出各種選擇，因此你必須做很多實驗，打造許多原型。

我們要練習畫一點心智圖。

牛刀小試
好時光日誌

1. 利用本章提供的工作表（或是自己的筆記本），記錄日常活動。請留意自己何時感到投入／精力充沛，當時正在做什麼。請試著每天都記錄，或至少兩、三天就記錄一次。
2. 做三星期的日常記錄。
3. 在每週的尾聲，寫下自己的反省——留意哪些活動令自己投入、精力充沛，哪些則相反。
4. 反省時，是否發現出乎意料的事？
5. 針對讓自己投入／無法投入、精力充沛／精疲力竭的活動，進一步聚焦，找出更多細節。
6. 反省時，視情況利用「AEIOU 法」。

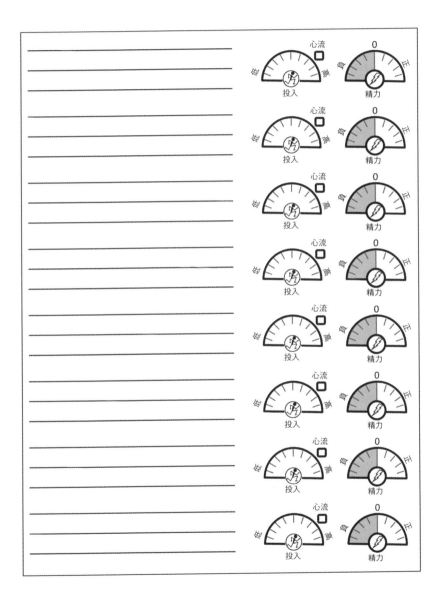

4

卡住怎麼辦

　　格蘭特卡住了。他在一家大型租車公司上班，做完好時光日誌後，發現日常大多數的活動，自己既不投入也沒精力。他討厭應付奧客，討厭填寫永無止境的定型化契約，也討厭日復一日背誦相同的接待台詞。此外，他不喜歡經常得推銷附帶產品。不過最最令人無法忍受的，則是感到自己無足輕重。格蘭特不想當大型企業機器裡一個不重要的小齒輪，希望能在工作中留下印記，擁有影響力。他希望自己所做的事，對世上某個人來說很重要，任何人都好。

　　格蘭特並非全然恨透自己的工作，但也實在想不出任何接近心流的時刻。工作對他來說，就像無聊的折磨。他看著時鐘，等著拿到每週的薪水。週末總是遲遲不來，又轉瞬就過去。他唯一「樂在活動」的時刻，只有在紅杉林遠足，和朋友打籃球鬥牛賽，或是輔導姪子、姪女寫作業。

　　格蘭特喜歡做的事，都付不了帳單。

　　公司準備升格蘭特當店經理，這下子他更是難以脫身。替租車公司工作，從來不是他的人生志願。然而，不管花多少時間想破頭，

也想不出如何轉行，他根本不曉得如何踏出第一步。能當搖滾明星或職棒大聯盟球員，當然很棒，但他歌聲不佳，不會樂器，而且十二歲就跟少棒無緣。格蘭特大學念文學，畢業後第一次應徵上薪水超過基本工資的公司就去了。如今他被困住，不想一輩子租車給別人，卻又覺得沒有其他選項。他心想：「有的人就是比較不幸，這輩子沒機會留下印記。」

格蘭特被無力感籠罩的原因，在於以為自己只能做從前做過的事——他沒用設計師的頭腦思考。設計師知道，永遠不要碰上第一個點子，就貿然投入。選擇多，就能做出更好的決定。其實許多人和格蘭特一樣被卡住，是因為試圖讓第一個點子成功。

格蘭特必須改採設計師的思維。

無效的想法：我卡住了。

重擬問題：我從來不曾卡住，因為我永遠會發想各式各樣的點子。

雪倫原本在波士頓某家知名法律事務所當助理，後來被裁員。失業後，一天花六小時在網路上找工作，一找就是一年多。垂頭喪氣的她，連原有的一丁點自信都早已消失。雪倫最初的志願其實不

是當律師助理——那是她的備案。她念商學院，但是二○○九年畢
業時，碰上金融危機，找不到行銷工作，而據說行銷工作是擁有
MBA 學位的人「該做的事」。雪倫和許多人一樣，以為做「該做
的事」，就會讓自己快樂，只是她遠遠稱不上快樂。老實講，她不
曉得自己想靠商學院的學歷做什麼，而她興趣缺缺的模樣，顯然被
面試官看透透。雪倫花很多時間試圖做對的事，而不是做適合自己
的事。找了一年工作後，她感到人生無望，走投無路。雪倫其實不
是真的無路可走，只不過一開始就沒給自己多少真正的選項。

無效的想法：我得找到正確的單一點子。
重擬問題：我需要很多點子，替未來探索各種可能性。

　　除了繼續做以前做過的工作，雪倫不曉得還能做什麼，因此和
格蘭特一樣卡住了。

　　多數人需要找工作時，都做了和雪倫一樣的事：在職缺列表裡
大海撈針，看看有沒有能做的工作。這是最糟糕的求職法，成功率
也最低（第七章會再詳細討論這種現象）。這種思考方式，不是設
計思考，只不過是「撿到籃裡都是菜」，不太可能帶來長遠的滿足

感。如果孩子餓肚子，房子快被法拍，或是欠某個叫路易的人一大筆錢，的確是有什麼就做什麼。一旦生活沒那麼窘迫，就應該尋找自己真心想做的差事。找工作時，不用擔心卡住，卡住是設計師的家常便飯，卡住是創意的起點。用設計師的腦袋思考，就知道該如何發想，舉一反三，替各種可能的未來想出各式各樣的選項。

道理很簡單，我們必須先知道自己**可能**要什麼，才能知道自己真正要什麼，因此必須發想眾多點子與可能性。

接受問題。

卡住。

接著想辦法克服障礙，發想，發想，再發想！

發想一下

接下來，要請各位掙脫現實束縛，勇敢走進「我可能想要什麼」的寬廣世界。卡住是好事。格蘭特卡住，雪倫卡住，每個人都會卡在人生的某個面向，那就是為什麼我們需要發想。「發想」的意思就是「想出很多點子」，只不過「發想」這個詞彙聽起來酷炫一點。請想出天馬行空的點子，瘋狂的點子。接下來，要教各位想出意想不到的大量點子。許多人卡住，是因為只想到一個點子就去做了，或是執著於所謂完美的點子，認為非得找到那個能解決萬事萬物的最強點子，才能拯救自己於水火之中。然而，那種想法帶來的壓力

太大。所謂只有一條路最該走，讓人感到太沉重，不免優柔寡斷起來。

「我還不確定。」

「我不想搞砸。」

「我一定得做對。」

「只要找到更好／正確／必勝的點子，一切都會順利。」

請拋掉那種想法，本書要搶先告訴大家一項驚人的事實：沒有所謂最美好的人生，統統都很好。

是真的。

我們有幸活在現代世界，享有一定程度的選擇、自由、行動能力，以及教育與科技，多數時間都沉浸在執著於最佳化的環境裡，認為一定有更好的點子，更好的辦法——甚至是最好的辦法。這種思維對生命設計來講很不妙。事實上，我們所有人都擁有不只一段生命。當我們問學生：「一生有多少段值得活的人生？」平均答案是三・四段。各位如果接受這個概念——我們只能活一次，但人生可以有多種優秀的設計——你就自由了。沒有人說人生只能有一種詮釋方式，我們可以活出多種幸福快樂又具生產力的人生（不管目前幾歲都一樣），而且在每一種豐富、令人驚豔的人生中，都有許多條路可走。這樣算起來，我們可以擁有多到數不清的點子，而本章會提供方法，讓你想出那些點子。

數大便是美。就生命設計來說，多即是好，因為點子數量多，

就更可能找到更好的點子。更好的點子，又會帶來更好的設計。拓展思考範圍，可以改善發想能力，帶來更多創新空間。努力研究過大量點子後，更可能找到令人躍躍欲試的點子，打造出行得通、自己又喜歡的東西。點子一多，眼界也跟著寬廣起來。

　　設計師喜歡朝各種方向用力發想。他們喜愛瘋狂點子的程度，跟明智的點子相較，有過之而無不及。為什麼？多數人覺得，設計師「不曉得活在哪個世界」，竟如此偏好瘋狂的東西：走在潮流尖端，標新立異，喜歡深色太陽眼鏡（以及貝雷帽、亮眼鞋子、最潮的餐廳）。或許是吧，不過眼鏡什麼的不是重點。設計師之所以古靈精怪，是因為他們知道，批判是創意的敵人。我們的大腦被訓練得很好，老是用謹慎的眼光挑毛病，接著就開始大肆批評，點子不難產才怪！如果要找出所有可能的點子，得晚一點再批判，叫腦中愛評論的聲音安靜點。如果不放下批判，或許能想到一、兩個好點子，卻漏掉其他大量的點子──點子被靜靜囚禁在批評的監獄之中。人腦中的前額葉皮質替我們豎起高牆，讓我們免於犯錯或出糗。前額葉皮質是好東西，在公眾面前不能沒有它，但是不能在點子還沒成形前，就扼殺點子。要是能進入瘋狂點子的空間，就知道自己克服了過早批判的問題。我們最後或許不會挑選瘋狂的點子（實際上也真的很少），不過一旦想出瘋狂點子，往往就能進入嶄新的創意空間，找出新鮮又可行的作法。

　　一起瘋狂一下吧。

　　我們的學生一般都覺得這個流程是最刺激、最令人投入，也最有趣的設計環節。誰不想端出大量的瘋狂好點子？而且不管各位覺得自己有沒有創意都沒關係。別忘了，我們的座右銘是「你在這裡」。目前有多少創意，就投入多少創意，捲起袖子動工吧，從此時此地做起。動起來，替設計生命時碰到的各種疑難雜症，努力想出大量解決方案。

　　各位是生命設計師，一定要記住兩點原則：

1. 有大量點子可以選，就能做出更好的選擇。
2. 不論要解決什麼問題，千萬別碰到第一個解決方案就選了。

　　人類的大腦通常是大懶蟲一隻，愈快擺脫問題愈好，也因此會釋放眾多正面化學物質，讓自己「愛上」第一個點子。千萬別愛上第一個點子，那樣的愛情，九成九不會有好結果。我們的第一個解決方案通常相當平庸，沒多少創意，因為人類的天性是先從明顯的答案想起。學會使用優秀的發想工具，可以克服挑選明顯答案的習性，重拾創意自信。

　　就算是自認沒創意的人，大概也能回想人生某個不這麼想的時期。或許是幼兒園階段，或許是小學一、二年級。在那個人生時期，唱歌、跳舞、畫畫是很自然的自我表達法。不怕做不好，不會批判自己的畫是否算得上藝術品，唱歌是否達到職業水準，舞蹈是

否精彩到可供觀賞，只是自由自在地以各種形式表達自我，不會自我設限。

各位大概也還印象鮮明地記得，曾有老師告訴你：「你當不了藝術家，缺乏繪畫天分。」或是同學說：「你跳舞真好笑。」或是某個大人說：「別再唱了，好好的歌被你唱成那樣。」哎呀！我們替各位感到惋惜，居然碰上這種扼殺創意的時刻。此外，等到上了國中、高中，扼殺創意的時刻也不斷出現。不用大人斥責，我們自己便開始遵守社會規範，知道不能過度展現不一樣的地方，以免棒打出頭鳥。我們長大後，要是還能留著一絲個人創意，可真是奇蹟。

不過，請相信我們，你的內心真的還有創意，後續章節會幫大家挖掘出來。

心智圖

接下來要教各位的第一個發想技巧叫「心智圖法」（mind mapping）。這是一種很棒的個人發想工具，可以讓人不再卡住。心智圖法的原理很簡單，就是自由聯想字詞，一個詞彙帶出另一個詞彙，開啟創意空間，想出新的解決辦法。由於心智圖法是一種用畫的視覺法，大腦會自動帶出點子，以及相關聯想，讓我們得以避開內心的邏輯／字詞審查，想出大量點子。

心智圖法分為三步驟：

1. 選擇一個主題

2. 畫心智圖

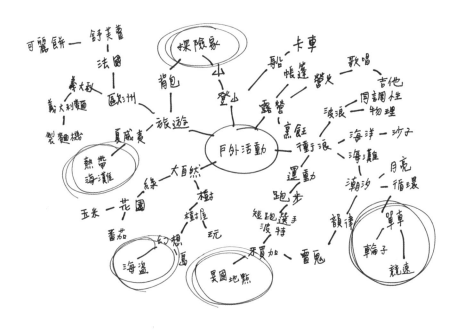

3. 靠著「二次連結」發想出概念（把所有點子混合在一起）

　　舉例來說，格蘭特卡在如何找到「完美」工作的問題時，畫出上面這張心智圖。各位大概還記得，格蘭特看了自己的好時光日誌後，唯一找到的正向體驗，是在離家不遠的紅杉林遠足，因此他從那件事開始畫心智圖，把「戶外活動」放在正中央，外頭畫一個圈，

這是步驟一。

步驟二是畫出心智圖，依據最初的點子，寫下五、六件相關的事。想到什麼，就寫什麼。接下來，重複相同步驟，延伸第二圈的字詞。每個字詞，畫三到四條線延伸出去，接著自由聯想相關的新字詞。此時想到的詞彙，不必和正中央的字詞或問題有關，只需要和第二圈的詞彙有關就可以。重複這個流程，直到產生第三、第四圈的字詞聯想。

以格蘭特為例，他從「戶外活動」出發，寫下直接與「戶外活動」相關的「旅遊」、「登山」、「衝浪」和「大自然」。接下來，又把那幾個字詞延伸出去，寫下新一層的字詞聯想。「登山」讓格蘭特想到「山」，「山」又聯想到「探險家」。同樣地，「旅遊」讓他想到「夏威夷」、「歐洲」、「背包」，「夏威夷」又讓他想到「熱帶海灘」。因為「歐洲」而聯想到的「法國」，又讓他想到「可麗餅」，「可麗餅」又想到「Nutella 牌巧克力醬」。的確是很有趣的聯想，但是接著這條線就想不下去了。不過，「衝浪」讓他想到「海灘」，「海灘」又想到「潮汐」，「潮汐」又想到「循環」、「單車」、「競速」。此外，「跑步」讓他聯想到「短跑選手波特」（Usain Bolt），波特的國籍又讓他想到「牙買加」（看來格蘭特比他自認的還有創意），進而想到「異國地點」。

畫出數層字詞聯想的過程，一共只花格蘭特三到五分鐘；請給自己定一個時間限制，快速做完，以避開大腦的理智審查機制。下

一個步驟，則是利用隨機聯想到的字詞，挑幾個有趣（或引人注目）的，拼湊成幾個概念。拼湊時，請挑選心智圖最外層的字詞，因為那些字詞已經遠離意識思考兩、三步。就算「戶外活動」後來讓格蘭特寫下「單車競速」與「短跑選手波特」，在他潛藏的無意識（unconscious）之中，這些人事物全與最初的提示字詞有關。格蘭特寫下的有趣隨機詞彙，包括「探險家」、「熱帶海灘」、「海盜」、「孩子」、「異國地點」與「單車競速」。接著，他再組合那些字詞，得出兩個可能的點子。

　　或許格蘭特可以兼職帶領「探索營隊」，服務喜愛戶外運動的孩子？不如在海灘上辦個「海盜營隊」？或是接受升遷，但前提是，租車公司願意讓他調到海灘附近的分店？（格蘭特查了一下，發現公司在加州度假勝地聖塔克魯茲〔Santa Cruz〕有辦公室，太好了！）更棒的是，調到夏威夷等充滿異國風情的地方。格蘭特可以當孩子的「海盜衝浪營」教練（母公司在夏威夷也有辦公室！）。如果格蘭特接受升職，賺的錢說不定能讓他每週只需工作四天，那就有時間「探索」以上的新點子。

　　太好了，有新的可能性。

　　格蘭特不再卡住。這下好點子太多了，讓他應接不暇。更重要的是，他開始知道重點不是找到完美的工作，而是讓自己的工作「完美」。在辦公室遍布全球的跨國租車公司上班，的確有其好處。格蘭特畫完心智圖之後，發現可以嘗試的事很多，而且可以利用目

前的工作當跳板。

　　一定要記住，畫心智圖時，不要審查自己的字詞，因此前文建議快速畫完，寫下最先想到的字詞就對了。審查自己，等於是在限制自己想出新鮮點子。史丹佛設計學院創辦人大衛・凱利（David Kelley）說過，我們通常得先掃視過瘋狂點子，才能得出可行的好點子，因此不必擔心想出太瘋狂的點子。瘋狂的點子說不定是起點，可帶來完全可行的嶄新事物。此外，各位應該用大張一點的紙畫心智圖，我們的目標是找出大量點子——所以心智圖愈大張、聯想愈多愈好。去吧，找一張超大牛皮紙或超大白板，接著寫下點子。

　　愈大愈好。

卡死了怎麼辦：船錨問題

　　世上有一種問題，怎麼樣都排除不了，本書稱之為「船錨問題」（anchor problem）。那種問題就跟船錨一樣，把我們綁死在一個地方，動彈不得，一直卡住，就像格蘭特與雪倫卡在職業生涯的問題上。如果想設計出美滿的人生，一定得留意自己是否卡在船錨問題上。

　　戴夫碰過一個船錨問題，不過跟格蘭特與雪倫的情況不同，那個問題和職業無關，和家中布置比較有關。事情是這樣的，戴夫是「工作坊型」的人，他父親（戴夫三世）手工藝超強，家中有很棒

的工作坊。於是，想向父親看齊的戴夫，一定也得擁有一間很酷的工作坊。然而，戴夫的手工藝沒那麼厲害，他比較擅長修東西，並不需要父親那種工作坊。他的想法是只要好好規畫一下，整理整理，就能擁有史上最棒的雙用途車庫──仍保留停車空間的一流工作坊。

不准批評戴夫的夢想。

戴夫愛死了那個點子，發誓此生都得擁有那樣的車庫。不過有一天，他搬到海灘旁。新家的儲藏空間只有舊家的五分之一，因此他碰上一個船錨問題，一個跟了他好多年的老問題。

頭幾年，戴夫除了把海灘新家的車庫塞得滿滿滿，還不得不另外租三個倉儲單位。一年一年過去，從租三個倉儲單位，變成租兩個，再來租一個，最後終於不必租了。可是車庫裡亂七八糟的東西，依舊清不了，沒地方停車。至於規畫出當工作坊的空間……嗯，別提了。五年多過去，戴夫和所有美國人一樣，慢慢習慣了車庫裡一團亂。有四年的時間，每年夏天，戴夫都發誓要清理雜物，整理出一間工作坊，每次都半途而廢。雖然他腦中依舊保有那近乎完美的車庫設計藍圖，卻擔心成功的那一天永遠不會來臨。一開始，他很認真，清掉了第一層的舊單車零件和 VHS 錄影帶，然而垃圾山實在太高，他便氣餒了，改做比較可行的事，例如更換卡車的交流發電機。他的修東西本能，再度戰勝清理雜物的目標。接著，聖誕節到了，閣樓一堆箱子被取下來，然後……就別提了。

　　戴夫的困境，在於把自己綁死在他唯一願意接受的解決方案——完美的「車庫＋工作坊」的空間安排。這項任務過於艱巨，戴夫乾脆放棄，每個人進出車庫時，都得障礙滑雪一番，跳過所有雜物。停在外頭的車子，則是因為靠海的陽光與含鹽的空氣，開始掉漆。

　　戴夫如果要脫身，不想被綁在無法行動的情境，唯一的辦法，就是稍微重擬解決方案與原型。他可以這麼做：

1. 重擬目標：只需要一個工作台，以及可放腳踏車與露營配備的室內儲藏空間。
2. 重擬方案：讓自己繼續租儲物空間，但只需要（終身）租一個小單位，每個月一百美元就能換回停車空間。
3. 研究流程，把目標分成幾個子計畫：（a）舊書和樂譜送人；（b）留四台腳踏車就好；（c）清理地上的箱子；（d）清理工作台上先前為了做其他事留下的雜物。

　　重點是戴夫必須忘掉心中完美車庫的畫面，重新想像不同的結果，或是不同的步驟。戴夫心中，有一個貼在冰箱門上的完美車庫計畫（他執著的解決方案），如果不肯放手，永遠不會有任何進展，原因是太困難，太困難的事一般都行不通。

　　戴夫碰上的不是重力問題——那並非不可能辦到的事。戴夫之

所以卡住，是因爲他用了行不通的解決方案綁住自己。

梅蘭妮在一所小型文理學院教社會學，對新興的「社會創新」（social innovation）與「社會創業」（social entrepreneurship）現象感到驚豔。這兩個領域正在利用新創公司與創投世界的方法，改造非營利組織能做之事。梅蘭妮知道，學生對於用新方式改造社會十分感興趣，因此開設相關課程，提倡社會創新計畫。梅蘭妮開的課效果很好。不過她有更遠大的願景，希望帶給自己任教的文理學院更持久的影響。她的夢想是成立全新的「社會創新學院」。

只要募集到一千五百萬美元，就能成立一所很棒的社會創新學院，因此梅蘭妮展開募款計畫，擬定策略，想出大受歡迎的方式推銷自己的點子。學生覺得太棒了，行政人員也很支持，但學校發展處把這個計畫視爲眼中釘。

梅蘭妮的學校和多數小型學院一樣，經費不足，營運困難。校友名單上沒有太多超級富豪，因此發展處緊守幾名大捐款人。梅蘭妮拿到一張很長的「不准碰！」名單，上頭是學校主要的個人與基金會捐款人。梅蘭妮可以向名單以外的人募款，其他的自己看著辦。

梅蘭妮遭遇重大挫敗，不過她的夢想值得花時間實現，於是決定推行下去。各位可以猜到後來的結果。梅蘭妮花了兩年時間，到處遊說，四處推銷——但一點進展也沒有。她募到一些錢，但是都

太小筆。她能找到的大捐款人，都被校方的發展處捷足先登，捐款必須用在其他項目。梅蘭妮的目標依舊難如登天。要是無法取得主導學校發展方向的幾位捐款大戶支持，她永遠不可能募到一千五百萬美元。

梅蘭妮卡住了，不必要地卡住了。

梅蘭妮深信，自己面對的問題是替新的社會創新學院，籌到一千五百萬美元。但那不是她該解決的問題，只是她第一個想到的辦法。梅蘭妮用那個念頭綁住自己，以致深陷泥淖，動彈不得。喔，對了，我們有沒有提到，她還因為募款一直遭拒，陷入沮喪，教學品質下滑，同事也受夠她每天抱怨錢的事，開始躲著她？是這樣的，我們用不理想的問題解決法，把自己定錨在一個地方後，情況只會每下愈況。

梅蘭妮真正該處理的問題，其實是透過社會創新，替學校帶來持久的影響，而不是四處募款成立學院。她犯了「太快跳進一個解決方案」的典型錯誤。梅蘭妮後來得到協助，採取設計思考的心態，讓自己不再卡住。她想起自己真正要解決的問題，探索了數個原型，發現自己不過是有一天突然想到成立學院的點子（而且就決定需要一千五百萬美元），從來不曾真正考慮其他選項。她採取好奇心的心態，檢視自己碰上的狀況，多做了一點功課，最後終於找到自己一直努力要做的事。

梅蘭妮決定擬一個有趣的問題，與校園中眾多人士討論。她和

校園領袖見面，問他們：「您認為社會創新要如何成為我們學校的一部分，可以從哪些地方著手？」梅蘭妮的訪談很有收穫，得出五花八門的點子。大家的提議包括主題宿舍、春假課程、暑期實習計畫，以及新型高年級論文計畫課程。許許多多的辦法，都能替學校帶來制度層面的影響，而不必先成立新學院（也不需要募款）。當然，成立新學院的點子比較酷，比較有規模，比較有吸引力，甚至較有影響力，但是那個目標幾乎是緣木求魚。其他點子則便宜許多，也更能找到新的支持者，梅蘭妮不再孤軍奮戰。她成立了師生團隊，大家討論後，認為「以社會創新為主題的宿舍」是最佳點子。

團隊開始打造原型。首先，他們調查目前所有的主題宿舍，找出它們做的哪些事成功、哪些失敗。過程中，團隊認識了喜歡新宿舍這個點子的學生，先邀請他們成立學校社團，花兩年時間測試計畫，把主題宿舍的概念帶進校園文化中，推廣風氣。接下來，四名社團成員在大四時，一起申請當同一間宿舍的助理（RA），並在取得宿舍管理員的同意後，隔年執行社會創新先導計畫。一切進行得很順利，下一年繼續執行。再隔一年，以社會創新為主題的宿舍正式成立，梅蘭妮被任命為指導教授，而學生住宿服務組的組長也成為最有力的支持者。

梅蘭妮重擬問題，發揮好奇心，打造原型，讓眾人熱心合作，替校園文化與學生住宿制度帶來持久的改變。梅蘭妮為學院帶來永續的影響，卻不必先募款成立學院。

約翰同樣碰上船錨問題。他小時候當童子軍，聽說美國大峽谷國家公園可以騎騾子，一路從峽谷外緣深入谷底，從此念念不忘。他許下諾言，有一天一定要去騎騾子。不過人生有太多事要做，長大後得先成家立業。沒關係，有一天他會帶著老婆、孩子，到大峽谷創造永生難忘的家庭回憶。只是，等約翰終於負擔得起一家五口的旅費，他已身材發福、重達一百公斤，而騎騾子的限重是九十公斤。整整五年，每年春天，約翰都節食，試圖讓自己瘦到八十九公斤以下，夏天就能去騎騾子。有一年，他瘦到九十六公斤。另一年，他瘦到九十三公斤。有一次，他瘦到九十二公斤（嗯⋯⋯如果加上全身衣物和水瓶，是九十五公斤）。約翰的節食愈來愈成功，但還不夠快。孩子漸漸大了，暑假另有計畫，不想花三天時間和父母一起騎什麼騾子。

約翰一家人從未成行，家庭回憶當然也不存在。

約翰被自己的解決方案綁住，卡在一定得騎騾子。如果退一步好好想一想，就會知道他的解決方案不是不可能達成，而是花的時間太長、成功率又低，所以算了吧。他可以重擬問題，從原本的「參加大峽谷騾子行」，變成「由上而下觀賞大峽谷」。觀賞大峽谷的方法很多，可以搭乘直升機、坐船、步行。約翰自我訓練，有足夠體力在峽谷步道走上走下的機率，大約是體重瘦到九十公斤以下的十倍。

戴夫、梅蘭妮與約翰的故事告訴我們：不要把有可能採取行動

的問題，變成船錨問題，抓著行不通的解決方案不放。請重擬解決方案，改選可能做到的事，接著替點子打造原型（試著探路），讓自己不再卡住。船錨問題之所以卡住我們，是因為我們眼中只有一個方案——那個已知行不通的方案。船錨問題的困難，不僅在於目前還沒有成功的方法。船錨問題真正的困難，在於我們害怕就算換了別的方法，還是不會成功。那麼一來，就得承認自己永遠卡住，毫無希望可言。我們喜歡告訴自己，自己不過是暫時卡住，而非一輩子都沒機會了。有時，我們寧願緊抓著熟悉的失敗方法不放，也不願冒險嘗試解決問題所需的重大改變，以免跌得更慘。這是相當常見的現象，人類就是這麼矛盾。改變充滿著不確定性，不管再怎麼努力，也沒人能保證成功，害怕是很自然的事。開拓前方道路的方法，是設計一系列小型的原型，測試一下水溫，減少失敗的風險（與恐懼）。原型失敗沒關係，本來就是拿來失敗的，然而設計得宜的原型，讓我們得以一探未來。

　　原型的功能包括減輕焦慮、提出有趣的問題，以及為我們試圖做到的改變，取得相關資料。設計思考的原則是前進到下一步驟的方法，就是「快速失敗，在失敗中前進」（fail fast and fail forward）。萬一卡在船錨問題，可以試著重擬挑戰，探索可能性（而不是靠奇蹟出現，一下子解決一個龐大的問題），然後針對你希望見到的改變，嘗試一連串小型、安全的原型。這樣你就不會再卡住，可以用更具創意的方式解決問題。後面第六章會再詳細討論如何打

造原型。

船錨問題就講到這裡，不過最後一定要強調，船錨問題不同於第一章提到的重力問題。船錨問題與重力問題，都是讓人一直卡住的討厭問題，然而本質不同。船錨問題是真正的問題，只不過很難解決。船錨問題是可以採取行動的問題——但是我們因為卡在那個問題太久，或是太常碰到同一個問題，誤以為克服不了（也因此這樣的問題必須重擬，得出新點子，靠原型把問題縮小至能解決的程度）。重力問題其實不是問題，而是無法做任何事加以改變的狀況。重力問題沒有解決之道——只能接受，然後轉向。我們違抗不了大自然的法則，也不是活在詩人每年都進帳百萬美元的世界裡。生命設計師知道，如果是無法採取行動的問題，那就無解。設計師或許擅長重擬與發明，但他們心裡很清楚最好別和大自然的法則或市場作對。

本書要協助各位脫身。

本書希望你擁有大量的點子與選項。

有大量點子，就能打造生命原型，加以測試。生命設計師做的就是那件事。

依據「好時光日誌」畫出心智圖

各位如果上一章沒記錄好時光日誌，現在請回頭做，日誌將在

接下來的練習中派上用場。我們要畫三張不同的心智圖，每一張都至少延伸三到四層，最外層那一圈，至少有十二個字詞。

心智圖 1──專注

從好時光日誌中挑出自己感興趣的領域或全心投入的活動（例如平衡預算、推銷新點子），放在心智圖中央。接下來，利用心智圖技巧，聯想大量的詞彙與概念。

心智圖 2──精力

從好時光日誌中挑出讓工作與生活特別有活力的人事物（例如美術課、給予同事回饋、健康照護、監督事情），接著畫出心智圖。

心智圖 3──心流

從好時光日誌中挑出某次處於心流狀態的體驗，把那次體驗放在正中央，完成心智圖（例如在一大群聽眾面前講話、用腦力激盪創意點子）。

畫好三張心智圖後，替每張圖設想一種有趣的人生，天馬行空也沒關係。

1. 看著心智圖最外層那一圈，選出吸引目光、完全不同的三個詞彙。我們憑直覺就知道該選哪些詞彙——理論上它們會「跳到眼前」。

2. 好了之後，試著把三個詞彙組成一個聽起來好玩、有趣又能幫助他人的工作（不必實用，也不需要吸引很多人或雇主）。

3. 給自己指定一個角色，畫在紙巾上（快速畫出一張視覺圖），例如下面這張圖。每天備受租車工作折磨的格蘭特，依據生活中讓自己投入的活動（在紅杉林健行、打鬥牛賽、幫助姪子、姪女），畫出一幅自己帶領兒童海盜衝浪營隊的景象。

（海盜營）

4. 每一張心智圖都做一遍這項練習，一共做三次，要有三個
不同版本的人生。

然後呢？

各位可能心想：「太棒了！有幾個很酷的點子可以派上用場！」
如果是這樣，太好了——不過未必能得出這種結果，這不是一般人
的反應。

也或者……各位可能完成這項練習，心想：「這是什麼蠢練習！
想出三個隨機、毫無意義的點子要幹嘛？」如果這是你的反應，顯
然做這個練習所花的心力都白費了。這個練習的重點是先不要批
判，讓心中挑錯的聲音安靜。如果關不掉心中的批判，大概會覺得
這個練習太蠢。如果各位符合以上描述，歡迎來到「試著事事正確」
的聰明現代人俱樂部（立刻就要得到正確答案）。請再看一遍自己
的圖，看看能否從全新的角度觀察，或是幾天後再試一遍。

還有一種可能，你心想：「嗯，這個練習很好玩、很有趣，但
我還是不確定有什麼用。」如果是這樣，別擔心，這很正常。這項
練習的重點，不是得出確切答案，而是敞開心胸，用不批判的心態
發想。藉由這項練習，一路靠著創意，組合各種元素，最後得出出
乎意料的人生角色或工作。從「解決問題」（接下來要**做**什麼？），
進入「設計思考」（我可以想像什麼？）。這下子各位以設計師的

心態，靠著具創意的方式，記錄下許多重要點子。

好了，接下來我們要靠創意發想，打造出三種可能的另類人生。

「奧德賽計畫」（Odyssey Plan）即將展開。

牛刀小試
心智圖

1. 回顧好時光日誌，找出讓自己投入、有精力、處於心流狀態的活動。
2. 選出分別能讓自己投入、高度有活力、進入心流的三項活動，畫出三張心智圖，一種活動畫一張。
3. 看著每一張心智圖的最外圈，選出三件映入眼簾的事，接著用那三件事寫一段職務描述。
4. 替每一段職務描述，想出一種工作，畫在紙巾上。

5

自己的生命，自己設計

你是「群」。

每個人都是「多」。

各位目前的生命，是你將體驗的眾多生命之一。

這裡不是在談轉世，也不是在談宗教，只不過一生之中，我們將經歷許多不同的人生。如果你對目前的人生，感到有些失落，不必擔心，生命設計將帶來無數重來的機會，隨時隨地都可以從頭開始。第一球打不好，可以要求再來一遍。

我們輔導各種年齡的成人時，發現人們「誤入歧途」的原因（不論年齡、教育程度、職業，都一樣），在於以為只要替人生想出一個計畫，一切就會一帆風順。只要做出**正確選擇（最棒、最對、唯一的選擇）**，就會藍圖在手，知道自己要成為什麼樣的人，也知道要做什麼、人生該怎麼活。大家以為人生有如一幅數字畫，只要依照圖上標好的數字塗好顏色，按部就班，就能大功告成。然而，真實人生比較像抽象畫——可以有無數種詮釋。

鍾最近很頭大。他是非常用功的柏克萊加大學生，以優秀的成

績畢業，打定主意要念研究所，不過他想先有一點工作經驗，讀研究所時會更知道自己要什麼，也能更快展開事業。鍾為了給自己最大的選擇空間，申請了六個不同的實習計畫，實習長度一到三年不等。接著卻發生糟糕的事。六個實習計畫中有四個錄取，而且前三志願全上。錄取不是壞事，糟糕的是接下來發生的事：鍾完全無法決定要選哪一個。他不曉得自己該選哪條路，也不知道碰上這個人類史上一直存在的問題時，該怎麼辦。

鍾完全沒料到自己能進前三志願。更麻煩的是，他的前三志願南轅北轍，一個是到亞洲鄉村教書，一個是到比利時的反性奴非營利組織當律師助理，一個是到華盛頓特區的健康照護智庫做研究。三個機會都很棒，但到底該選哪一個？

鍾知道，選擇實習單位是極度重要的決定，因為那將影響研究所念什麼，而研究所念什麼，將影響最終的職業。他的職業，又將影響人生道路。如果**沒選對**，最後可能落得「第二志願人生」的下場。然而，他根本不曉得自己的第一選擇是什麼，也不清楚哪一個最好。

鍾犯了一個相當常見的錯誤。他以為人生有一條最好的路，得找出那條路，要不然只能活次好的人生，或是更糟的第三好、第四好……其實沒這回事。我們都擁有活出眾多不同人生的精力、才能和興趣，每一種人生都很好、很有趣，也很豐富。問哪一種最好是個笨問題；就像在問有手比較好，還是有腳比較好。

　　鍾在辦公室時間找戴夫商量。戴夫問他：「如果這麼難選，你確定一定得選嗎？如果三個實習都去，先做完一個再做一個，你覺得呢？」鍾說：「如果能那樣就**太好了**！但可以這樣嗎？怎麼樣才能三個都去？」

　　「問問看就對了。問問而已，不會怎樣。」

　　鍾問了。出乎意料，兩個組織願意等他；他要的話，未來五年，三個實習單位都可以去。

　　鍾終於明白，他無法決定哪一個實習機會最好，是因為原本就沒有「最好」這回事。他面前有三種很棒、完全不同的可能性。在人生這個階段，他有餘力三個都試試看，於是他三個都去嘗試。

　　當然，最後的結果完全出乎他的意料。鍾在做第一份為期兩年的實習工作時，和其他大學好友保持聯絡，常用 Skype 聊天。大約九個月後，除了鍾以外，所有同學都覺得不快樂，對出社會後的人生感到幻滅。這種情形很常見。出社會是壓力很大的一件事。鍾對工作也還在掙扎，他和同學相異的地方，在於感受不同。鍾學過生命設計，手上有工具，知道規畫人生時，快樂的道路不只一條。大學好友則沒有那樣的自信，因此鍾開始幫朋友找出接下來可以做什麼。他很喜歡做這件事，甚至決定找出辦法，讓自己平日持續提供這類協助。結束第一份實習工作後，他推掉了另外兩份，到研究所念生涯顧問。鍾終於在接受人生至少有三條很棒的道路後，發現了第四條。不再試圖「選擇正確道路」之後，前途變得無限寬廣，可

以開始設計通往未來的路。

無效的想法：我一定得找出最好的人生願景，擬定計畫，接著
著手執行。

重擬問題：我可以活出多種美好的人生（也可以擬定各項計畫），
我得選擇接下來要先開闢哪一條路。

多重人格是好事

　　設計**生命**最有效的方法，就是設計**生命**。不，我們沒撞到頭，
這句話也沒打錯字，只不過前面的生命是單數，後面的生命是複
數。接下來，請各位動動腦，寫出接下來五年，人生可能的三種版
本，也就是你的「奧德賽計畫」。不論這三種有趣的未來人生，是
否立刻跳進各位腦中的影城銀幕，我們知道，各位基本上至少擁有
三種可行的人生，所有人都有。我們輔導過數千人，每個人都是明
證。每個人都擁有無數可能的生命，而且不管什麼時候，一定至少
有三種。當然，我們一次只能活一種，不過發想過各種可能性，才
能做出有創意、有發展可能的選擇。

　　要想出三個不同的生命計畫，聽起來好難，但是各位一定做得

到。我們輔導過的人，每個都成功了，你也會成功。你心中可能已經有一個最想選的計畫，沒關係。你甚至可能有一個勢在必行、已經著手準備的計畫。那也沒關係──還是請想出三項「奧德賽計畫」。我們是認真的。做這項練習收穫最多的人，有的心中早已有一個鐵了心要做的「人生至高無上計畫」。史丹佛教育研究所（Stanford Graduate School of Education）做過研究，證實同時擁有多個原型（例如三項奧德賽計畫）的好處。丹·史瓦茲（Dan Schwartz）教授領導的團隊評估了兩組人。[1] 一組最初同時想出三個點子，接著多加了兩個，直到最後的點子浮現。另一組一開始則有一個點子，接著不斷發想了四次。兩組同樣發想了五輪點子，但同時有數個點子的組別，表現遠勝另一組，不但想出的點子數量多，而且最終的解決辦法顯然較好。連續發想組（一開始只有一個點子的那一組）一般會反覆修正同一個點子，從來不曾真正創新。結論是，如果一開始腦中就有數個點子，就不會過早選定一條路，保持開放的心胸，有辦法接受並想出更多新鮮的點子。設計師向來知道，一開始不能只有一個點子，要不然會陷入那個點子出不來。

　　試著避免將奧德賽計畫想成「A 計畫」、「B 計畫」、「C 計畫」──A 是絕佳計畫，B 是還 OK 的計畫，C 是最好不要，但萬一真有必要、還能忍受的計畫。每個奧德賽計畫都是「A 計畫」，完全為自己量身打造，而且真的可行。奧德賽計畫是人生各種可能性的草圖，可以激發想像力，協助我們選擇路的方向，製作原型，

活出下一段生命。

你不必擔心要選擇哪一種生命。第九章會再討論碰上「選擇」這項難題時,可以運用哪些概念與工具。選擇標準可能要看手中有哪些資源(地點、時間、金錢)、一致性(不同的人生道路符合人生觀、工作觀的程度)、信心程度(你自認辦得到嗎?),以及你有多喜歡那項選擇。不過不管怎麼說,先想出各種可能性,再來煩惱如何選擇。

可以活出的生命太多,時間卻這麼少

奧德賽計畫之所以叫奧德賽計畫,是因為生命是一場荷馬[2]史詩人物奧德修斯的長征之旅──懷抱著希望與目標,踏上未來的冒險旅程。身旁有助手、好人、壞人、未知數,以及意想不到的緣分。我們抱定目標前進,一路上一切交織在一起。荷馬講述奧德賽的古老傳說時,把人生隱喻成冒險。接下來,我們要想像開啟人生下一章的方法──你的追尋之旅。

請替人生接下來的五年,想出三個不同的計畫。為什麼是五年?因為兩年太短(我們會擔心設想得不夠遠),七年太長(時間長一定會有變數)。如果聽別人講自己的故事,多數人的人生是由一系列的「二到四年」串起來的。就連時間較長的重要時期(養兒育女那幾年),也分成明顯的「二到四年」──嬰幼兒期、學齡前

期、前青春期，以及又名青春期的「孩子不跟你講話期」。五年計畫完整涵蓋一個四年期，還多出一年的緩衝時間。我們以各種方式輔導過各年齡層數千次這項練習，相信五年是一個合理數字。試試看吧。

　　既然我們無法強迫各位交作業，我們在這裡強力呼籲各位，一定要想出三種不同版本的自己，因爲三個計畫會帶來選擇的餘地（列出三個計畫的清單，感覺比兩個計畫長很多）。各位得好好動一動創意肌肉，確認自己沒有直接選擇顯而易見的答案。記住，必須是三個截然不同的選項，不是同一個主題稍加變化而已。住在美國佛蒙特州的公社（commune），跟住在以色列的公社（kibbutz），不算兩種選項，只是同一種選項的兩種版本。請試著找出三個完全不一樣的點子。

　　我們知道各位絕對辦得到，我們看過成千上萬的成功例子，包括最初信誓旦旦絕對想不出三種人生的人。如果各位堅信自己辦不到，接下來是快速找出「我的三種人生版本」的捷徑。

　　「人生一」——你目前做的事：計畫一，跟你心中所想的事有關——可能是目前人生的延伸，或是已經渴望一段時間、吸引力十足的點子。「人生一」是目前已經有的點子——這是個很棒的點子，值得在這個練習中好好想一想。

　　「人生二」——萬一事情生變，你會做的事：天有不測風雲，

某些類型的工作會走入歷史，例如現在幾乎沒人在製作馬車車鞭，也沒人在談網路瀏覽器。馬鞭過時了，瀏覽器則是作業系統免費贈送，因此馬鞭與瀏覽器不再是熱門職業。想像一下，萬一「人生一」的點子突然過時，或者不再是選項，此時要怎麼辦？當你不能再靠那個點子吃飯，無計可施，要怎麼辦？如果各位和我們輔導的多數人一樣，當你真的強迫自己想像，**一定**得靠著「目前在做的事」以外的事謀生，你會想出什麼。

「人生三」──如果錢不是問題，面子不是問題，你會做的事，或你想活的人生：如果有一件事做下去之後，收入還過得去，而且沒人會笑你、看輕你──你會做什麼？儘管無法突然靠這件事謀生，也不保證沒人會嘲笑（人們其實很少有這個閒工夫），不過想像這種可能性，對生命設計探索有絕大助益。

戴夫最近和一名年輕的 MBA 學生聊，對方堅信自己無法想出三個人生的另類點子。

戴夫問他：「你接下來要做什麼？」

「我要走管理顧問這一行。」

「太棒了，那就是你的人生一。」戴夫告訴他：「但你知道嗎？全世界所有的執行長最近聯合起來，認為花數十億美元請顧問用處不大，決定不再花這種錢。顧問這一行完蛋了。這下子你要做什麼？」

MBA 學生大驚失色。「什麼！沒有顧問這一行了？！」

「沒了──完全沒了。你得改行。你要改做哪一行？」

「嗯，萬一不能當顧問，我大概會想辦法進大型媒體，做跟策略或行銷溝通有關的工作。」

「很好！那是你的人生二！」

接著，那位年輕人被問到，如果錢不是問題，面子不是問題，也絕不會有人嘲笑，他會做什麼。他提出自己的人生三。

「嗯，我其實很想賣酒。這個念頭怎麼想都有點蠢，但老實講，我對酒很有興趣，很想試一試。」

戴夫說：「好，這下子你有三種生命了。」

我們和卡在人生單一點子上的人士，有過無數次類似的對話。各位要是一下子無法想出三種點子，可以試一試剛才的「人生一、人生二、人生三」，你會發現自己其實有很多點子。

別讓自己卡在原地，顧慮東、顧慮西，趕快做這個練習就對了。

這個練習會改變你的人生。

真的。

奧德賽計畫 101

替未來五年想出三種不同版本的生活時，每個版本都要包括：

1. 一條視覺／圖示時間軸。個人生活以及與事業無關的事，也要放上去——你想結婚嗎？想訓練自己參加 CrossFit 世界健身大賽嗎？想學習靠念力折彎湯匙嗎？

2. 用六個英文字（譯按：中文無此限）替每一個計畫取名字，點出主要精神。

3. 寫下那個計畫要問的問題——最好寫兩、三個。優秀設計師會問問題，測試假設，找出新發現。請替每一條可能的時間軸，研究各種可能性，進一步認識自己與世界。你想替不同的人生版本，測試並探索什麼樣的事？

4. 在儀表板上評估幾件事：

   a. 資源（是否擁有客觀資源——執行計畫所需的時間、金錢、技能、人脈？）

   b. 喜歡程度（等不及要執行這個計畫，還是興趣缺缺，或普普通通？）

   c. 自信程度（信心滿滿，還是實在不確定能否執行？）

   d. 一致性（這個計畫本身說得通嗎？和你本人、你的工作觀及人生觀能否協調？）

- 可能的考量
  - 地點——你要住哪裡？
  - 你會獲得什麼經驗／學到什麼？
  - 選擇這個人生會帶來的影響／結果？
  - 人生會是什麼樣子？你將扮演什麼樣的角色，待在什麼產業或公司？
- 其他點子
  - 事業與金錢以外的事也要考慮。工作和錢雖然重要，甚至是人生的重心，會對你未來幾年的方向，造成決定性的影響，生命中依舊有其他該留心的關鍵人事物。
  - 前述的考量可以變成起點，協助你想出接下來五年其他版本的人生。萬一卡住，就替先前列出的設計考量，畫一下心智圖。不要鑽牛角尖，但也不要跳過這個練習。

　　每個人都能利用奧德賽計畫，挖掘出人生仍等著我們去做的大事，回想起已經遺忘的夢想。各位心中那個十二歲的太空人依舊存在。對其他還可能挖掘出來的東西，請保持好奇心。做相關計畫時，至少試著讓其中一個有點瘋狂，就算是神智正常時絕不會做的事，也寫下來。請寫下最誇張、最瘋狂的點子，例如拋下世俗的一切，跑去住在阿拉斯加或印度杳無人煙的地方。或是跑去上演員訓練班，在好萊塢闖出一片天。又或者是成為滑板專家，投入讓腎上腺

素激增的極限運動。也可以尋找失聯已久的舅公，填補家族故事的空白。各位可以替生命的不同領域，想出不同計畫：在事業、愛、健康、遊戲等各方面，擬出幾種計畫，或是組合所有元素也可以。唯一不正確的作法，就是完全不做計畫。

瑪莎的多種生命

我們開過「人生中場事業工作坊」。接下來以某位學員為例，介紹如何擬定三個奧德賽計畫。瑪莎是一位科技業主管，目前想替人生下半場嘗試更有意義的事。她替自己的未來想出三個非常不同的計畫，每一個都有點冒險，也有一點創新，不過都與打造某種社群有關。

瑪莎的三項計畫，包括：一、開設自己的第一間矽谷新創公司；二、成為危難孩童非營利組織的執行長；三、在定居的舊金山海特－阿什伯理區（Haight-Ashbury），開一間有趣、友善的地方酒吧。她的三項計畫，全有六字英文標題、四個油箱儀表板（我們太愛儀表板了），以及每個計畫要問的三個問題。

範例一

標題：「全下——矽谷故事」

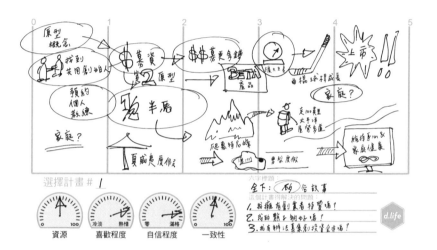

問題

1. 「我擁有創業者特質嗎？」

2. 「我的點子夠好嗎？」

3. 「我有辦法募集創投資金嗎？」

範例二

標題：「運用所能——扶幼！」

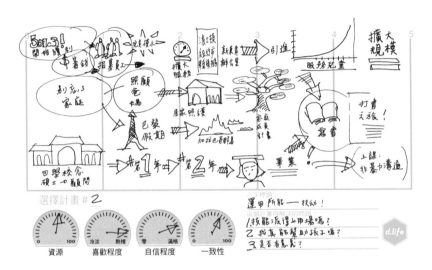

問題

1. 「技能派得上用場嗎？」

2. 「我真能幫助孩子嗎？」

3. 「是否有意義？」

範例三

標題：「建立社群——乾杯！」

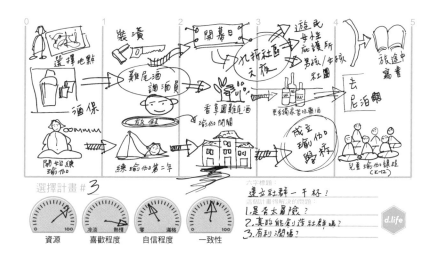

問題

1. 「是否太冒險？」
2. 「真的能創造社群嗎？」
3. 「有利潤嗎？」

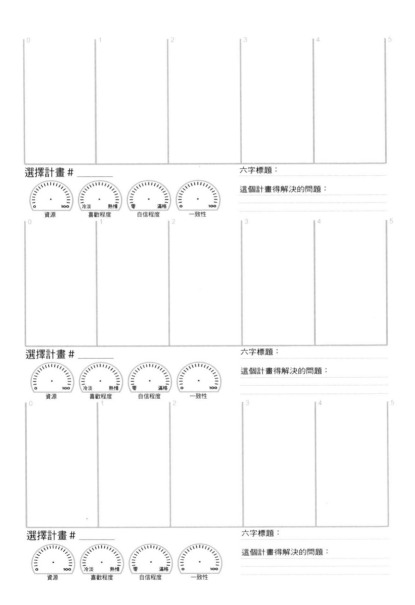

選擇計畫 #＿＿＿＿＿

資源　　喜歡程度　　自信程度　　一致性

六字標題：

這個計畫得解決的問題：

選擇計畫 #＿＿＿＿＿

資源　　喜歡程度　　自信程度　　一致性

六字標題：

這個計畫得解決的問題：

選擇計畫 #＿＿＿＿＿

資源　　喜歡程度　　自信程度　　一致性

六字標題：

這個計畫得解決的問題：

奧德賽計畫練習

現在利用這裡提供的三個工作表，或是到 www.designingyour.life 下載，完成自己的三個五年計畫。

分享三個願景

接下來，請各位分享自己的奧德賽計畫。等一等，別急著逃跑。得出三個版本的自己，將帶來不可思議的魔力。最重要的是，你會明白人生不只有單一正確的答案。想一想，自己的哪個計畫在「資源」、「喜歡程度」、「自信程度」與「一致性」這幾個項目得分高。哪一個版本的你，讓你感到世界美好，心中燃起熊熊火焰？哪一個版本的你，則令人感到欲振乏力，提不起勁？

與生命計畫互動最好的辦法，就是大聲說出來，與一群朋友分享——最好是你的生命設計團隊夥伴（團隊與社群的概念，請見第十一章），或是本書簡介部分提過共讀這本書的朋友。走一遍生命設計流程最好玩、最有效的方法，就是和包括自己在內的三到六人，以團隊方式聚會。如果是獨自一人設計，也沒關係，不過最好是以團體的方式，每個人都設計，每個人都彼此支持。找到其他二到五人一起做這件事，實行起來會比想像中來得容易。只消把書交給幾個可能的「嫌疑犯」，一起討論一下，就能抓到人。各位可能

會訝異，有興趣的人還眞是不少。我們這麼建議，不是爲了引誘各位多買幾本書（雖然你買了，出版社會很開心！）——只是這樣比較容易展開對話。

不管各位是否組成定期聚會的生命設計團隊，我們建議把奧德賽計畫，告訴一群會支持你的人，請他們回饋並提供點子。請把自己的計畫告訴會問好問題、但不會批評或潑冷水的人。基本原則是請聽眾不要批評、檢討內容或給建議，而是聽過之後幫忙想一想，怎麼樣可以擴大點子的規模。請找出二到五個「會隨時支持」、願意出席生命設計聚會的人（至少要願意閱讀本章）。提出問題時，可以請發言人「多談一點關於……的事」，讓提問是在支持，而不是潑冷水。如果眞的不想找別人，或是找不到分享對象，那就錄下自己介紹奧德賽計畫的影片，假裝那個人不是自己，仔細觀看、聆聽，寫下想對自己說的話。

生命設計的重點是給自己選項，而這個設計多重人生的練習，可以引導各位找出接下來潛在的人生。不需要把自己這輩子剩下的人生統統設計好，只要設計下一個階段就可以了。每一個可能的你都有未知數，都有得妥協的事，我們將碰上獨特或出乎意料的結果。這項練習的重點不是找出答案，而是學會接受、探索問題，並對人生各種的可能性充滿好奇。

記住，你擁有活出多個美好生命的潛能。你是「群」。

接下來，我們得選擇要先嘗試哪一種原型。

牛刀小試
奧德賽計畫

1. 利用本章提供的工作表，寫下三個五年計畫。
2. 為每一個計畫下一個標題，點出基本精神，並寫下三個可能碰上的問題。
3. 畫出儀表板上的每個油箱指標，針對「資源 」、「喜歡程度」、「自信程度」、「一致性」四個項目評分。
4. 把你的計畫告訴某個人、某個團體或自己的生命設計團隊。請留意每個計畫讓自己興奮的程度。

6

打造原型

　　克拉拉需要重新設計人生。她在高科技產業奮鬥了三十五年，榮登成功的銷售主管，如今她受夠了。她也不曉得自己想做什麼，只知道自己再也不要追著每一季的銷售額跑，甚至這輩子再也不想聽到「銷售額」三個字。過去二十年，克拉拉身邊有許多朋友開始發展業餘的興趣，最後把嗜好轉變成職業，全職從事發揮創意的興趣，做能帶來意義與目標的義工活動。似乎每一個朋友都離開了原本的專業跑道，開始追求其他事──然而克拉拉的人生沒有「其他事」，這輩子都忙著以單親媽媽的身分扶養孩子，以及發展銷售事業。現在克拉拉的孩子都大了，事業進入尾聲，她不曉得該從何處展開新生命，也不知接下來要做什麼，因此我們協助她從「此時此地」出發，設計前方的路徑。

　　克拉拉的朋友提供了很多建議，他們大都認為最重要的事，就是「去做就對了！如果沒有好點子，就任選一件事跳進去。妳還這麼年輕，現在放棄太早了。不管做什麼都好，千萬別每天待在家裡，讓自己無聊得要死──**想辦法投身一件事就對了。**」朋友講得一副

很簡單的樣子，畢竟他們都知道自己想把時間用在什麼地方，克拉拉卻是毫無頭緒。毫無頭緒的人要從何開始？克拉拉做了一個好選擇。她知道「去做點什麼」是好建議，然而「就跳進去，投身某件事」，則是糟糕的建議，因為她很可能過度投入錯誤的事。克拉拉需要想辦法試水溫，以免過早貿然投入。先試一下可能性，取得一些實際經驗，不過只能讓水淹到膝蓋，不能淹過頭。

　　克拉拉心中雖然沒有明確目標，不曉得「安可職涯」該做些什麼，她的確對一個領域感興趣。克拉拉是史上第一批替 IBM 販售大型電腦的女性，一直自認是女性主義者。她心想：「OK，女性權益今日依舊是值得努力的議題，我來看看能用什麼方法協助女性。」自從有了那個念頭後，克拉拉開始積極研究協助女性的方法，尋找能做的嘗試。幾週後，一名女講者在她上的地方教堂，談調解與非暴力溝通，教大家運用相關技巧，協助家有犯罪少年的母親，以及被家暴的女性。克拉拉向那名女講者自我介紹，詢問與她的工作有關的問題。由於克拉拉問了很好的問題，女講者邀請她參加調解訓練課程。那個課程一星期只需花幾小時，而且就算最後通過證照測驗，也未必就得從事那一行。因此克拉拉決定讓自己獲得一些經驗，瞭解提供受困婦女調解服務是怎麼一回事。她參加訓練課程，取得了證書。

　　後來，有一份難度很高的工作開缺，工作內容是提供少年司法體系的年輕人調解服務。那個缺要看每年的預算，無法保證能做多

久，不過對克拉拉來講沒關係。她將得周旋於法院、學校、家長、孩子之間，替危難孩童想出坐牢以外的選項。這份工作不是容易的起點，但是克拉拉數十年來都在和高科技業難纏的業務員過招，協調早已化為本能，讓她成為超強的問題解決者。此外，許多青少年罪犯來自單親家庭，而克拉拉對辛苦的單親媽媽特別有同理心，她覺得那份工作十分具有吸引力，準備一試身手——就算只是兼職、聘期只有一年也無妨，反正她還在探索。

克拉拉繼續尋找參與女性議題的機會，後來找到「加州女性基金會」（Women's Foundation of California, WFC）這個單位。WFC本身沒有特定業務，主要功能是提供資金，對象是其他和各式女性社會正義議題相關的非營利組織。就克拉拉的「試試看」探索計畫而言，WFC 可以提供很大的協助。她聯絡對方，組織高層對她從事的調解工作印象深刻，邀請她加入。克拉拉在基金會任職的三年間，學會申請補助金與非營利贊助，深入瞭解地方上二十七個努力解決社會問題的非營利組織。

在這段期間，克拉拉發現自己沒興趣繼續在司法體系當調解人（雖然那是很重要的工作），反倒對遊民問題愈來愈感興趣，成為遊民對女性來講特別不容易。克拉拉透過 WFC，與支持地方上最大遊民收容所的慈善家見面，對方邀請她成為收容所董事。就在此時，克拉拉發現自己找到了安可職涯。她接受那個職位，放棄其他工作，現在是地方上的遊民鬥士，也是解決地方與全國遊民問題的

先驅。

克拉拉並未一開始就擬定服務遊民的計畫。她知道自己尚未找到可以指引方向的使命，因此小心翼翼讓自己經歷一連串微小但有用的體驗，一路向前。不管從哪個角度看，克拉拉成為「遊民鬥士」的過程（順道一提，替遊民發聲後來成為她的熱情所在），不是一條直截了當的路徑。她用設計師的頭腦思考，一步接著一步設計生命，靠著做小型實驗（原型）一路前進。她有信心，只要給自己仔細篩選的實作體驗，就能找到一條路。

克拉拉去上調解課程，接下少年司法體系工作，參加女性基金會，學習非營利世界的運作方式，成為遊民中心的董事。克拉拉動手去做，認識不同人，選擇透過實際體驗，探索自己的選項，而不只是花時間閱讀、思考，或是在日誌裡反省自己接下來應該或可以做什麼，最終找到了安可職涯。唯有透過生命設計，克拉拉才能找出先前不只是未知、還意想不到的未來。克拉拉做到了，你也能。

無效的想法：全面研究計畫中所有面向的最佳資料，就會一切順利。

重擬問題：我應該打造原型，探索我的計畫會碰上的問題。

原型──為什麼需要原型，如何打造原型

在史丹佛的設計學程，常會聽見「打造即思考」（Building is thinking）這句話。這個概念加上積極行動的心態，就會得出大量的打造工程與思考。如果你問人們在做什麼，大家會回答他們正在打造原型，主題是新的產品點子、新型消費者體驗，或是新式服務。史丹佛認為，不論是實體物品或公共政策，萬事萬物都能打造原型。原型是設計思考不可或缺的一環，因此接下來值得花費篇幅解釋「為什麼」打造原型很重要，以及「方法」是什麼。

想辦法解決問題時，不論是什麼類型的問題，通常得從自己對於問題的瞭解著手，也就是從資料出發。掌握足夠的資料，才能得知背後的原因，也才能知道碰上其他因素時，可能發生什麼事。

麻煩的是，設計生命時，我們拿不到太多資料，關於未來的可靠資料更少。我們只能接受生命設計是個麻煩問題，無法靠一般的因果思考解決。幸好，設計師知道如何靠著原型，偷偷接近未來。

設計思考所說的「原型設計」（prototyping），並非做出某種東西，確認解決方案是否正確。打造原型的意思，不是想辦法呈現完整的設計，也不只是做出一樣東西（設計師會製作**大量原型**──永遠不會只做**一個**）。打造生命設計路徑原型的重點，是提出好問題、拋掉隱藏的偏見與成見、快速反覆循環，替想嘗試的路徑帶來動能。

　　原型的用途是讓自己藉由提問，得到感興趣的資料。好的原型會獨立出問題的一個面向，設計出一段體驗，讓自己「試一試」某個版本的有趣未來。憑著非常接近親身經歷的方式，想像不同的可能性，彷彿真的活在那種未來之中。透過原型設計創造新體驗，你將有機會瞭解新的事業路徑是什麼感覺，就算只有一小時或一天也好。此外，原型設計可以讓人趁早找到志同道合的友人，組成對我們的人生旅程及生命設計有興趣的社群。原型可以開啟極佳的對話，而且通常會順藤摸瓜，一樣東西引出另一樣東西，帶來出乎意料的機會——奇緣就是這樣來的。最後，原型讓我們在尚無頭緒之前，不必花太多時間與精力，快速嘗試一下可能的路徑，快速跌倒，快速爬起來。

　　我們永遠有辦法替自己感興趣的事製作原型。最好的起步法，就是讓頭幾個原型解析度低，簡單就好。重點是先獨立出一個變數，接著設計一個原型，回答問題。利用手上現有或能請別人提供的資源，做好快速反覆修正的準備。還有別忘了，原型不是思想實驗，一定得在真實世界實作才行。好決定所需的資料，必須在現實世界中尋找，而原型是回到現實最好的方法，能協助我們取得前進所需的資料。

　　此外，打造原型也在促進同理心與理解。原型設計的過程，不免需要與他人合作。每個人都處於一段人生旅途上，我們因為原型與他人接觸時，將看到別人的生命設計，也得到更多關於自己生命

的點子。

總而言之，打造原型的目的是提問、製造體驗、找出成見、快速失敗，在失敗中前進、偷窺一下未來，促進自己與他人的同理心。一旦接受原型的確是取得所需資料唯一的辦法，就知道設計生命時，一定要打造原型。打造原型是明智的選擇，不打造原型則是災難一場，有時還會讓人付出昂貴的代價。

慢慢來，穩紮穩打

艾莉莎不需要原型，她準備好**行動**了。在大企業人資部門上了幾年班之後，她準備好改變人生，這是很大的改變，而且現在就改變。艾莉莎熱愛美食，義大利食物尤其是她的心頭好，她喜歡義大利托斯卡尼帶來的小咖啡館與熟食店體驗，夢想著開一間很棒的義大利熟食店，裡頭附設小咖啡館，可以品嘗很棒的咖啡，外加貨真價實的托斯卡尼美食。艾莉莎決定放手一搏。她已經存夠創業資金，蒐集好所需的食譜，也找到住家附近最好的開業地點。她租下一個地方，徹底裝潢，擺上最好的產品，接著盛大開幕。艾莉莎花了非常多心思，新店一開張便大受歡迎，每個人都喜愛她的店。艾莉莎這輩子從未這麼忙碌過，過沒多久她就覺得人生悲慘。

艾莉莎有了想法之後，完全沒先打造原型，偷瞄一下未來，一下子便跳進去。她沒先試過每天都得在咖啡店工作的感覺，也沒發

現經營一間咖啡店，和造訪咖啡店或設計咖啡店是兩回事。艾莉莎付出很大的代價，才發現自己是很棒的咖啡店設計師與裝潢經理人，卻是二流的熟食店經營者。她討厭三天兩頭就必須招募員工，也不喜歡清點存貨與叫貨，維修清潔什麼的，更是別提了。艾莉莎陷入窘境，她有一家很成功的店，卻不曉得該拿那間店怎麼辦。最終她把店頂讓出去，改從事餐廳室內設計，走完一條很痛苦的路之後，才找到真正想做的事。

　　艾莉莎原本可以如何替點子打造原型？她可以先嘗試外燴，也就是開業與收攤都容易的事業（沒有房租問題，只需要請少量員工，要在哪裡做都可以，也沒有固定的營業時間）。她可以先在義大利熟食店，找到清桌子的工作，實際瞭解一下這種工作「骯髒」的一面，而不只是美好的菜單設計。她可以訪問六位熟食咖啡店老闆，其中三位快樂、三位暴躁，瞭解一下從事那一行之後，自己可能變成什麼樣子。我們是在整件事結束後，才認識艾莉莎。她來參加我們的生命設計工作坊，講了自己的故事。工作坊結束後，她哀嚎道：「天啊，要是我當初慢慢來，先打造原型，可以省下太多時間！」沒錯，就算各位很急，建議你還是先替生涯點子打造原型。你將得到更好的設計，省下大量時間，不必多走冤枉路。

原型對話──生命設計訪談

好，我們想打造生命設計原型，但要怎麼做？最簡單、最容易的形式就是對話。接下來，要特別介紹我們稱爲「生命設計訪談」（Life Design Interview）的原型對話。

「生命設計訪談」簡單到不可思議，其實就是去聽別人的故事，不過當然不是隨便抓一個人，聽到什麼故事就是什麼故事。各位要訪問的對象，是正在做你想做的事或過你想過的生活的人，或是在你想詢問的領域擁有實際經驗與專業知識。去聽對方的個人故事，瞭解他怎麼會從事今日的行業，如何取得相關專長，或是從事那一行眞正的感覺。

各位要聽的故事，是做你有一天想做的工作的人士，他們喜歡什麼，討厭什麼，他們的一天怎麼過，看看能否想像自己做那樣的工作，連續做好幾個月、好幾年，還能樂在其中。除了詢問對方的工作情形與日常生活，還要找出他們如何進入那一行──他們的職業生涯路徑。多數人失敗，不是因爲缺乏天分，而是因爲缺乏想像力。光是和某個人一起坐下，聽對方的故事，就能獲得這一類的資訊。「生命設計訪談」就是這麼一回事。克拉拉有過大量這類對話，獲益良多。艾莉莎則幾乎沒和別人聊過，因此付出很大代價。

首先，要帶大家瞭解生命設計訪談「不」是什麼──那不是工作面試。各位訪談時，如果發現都是自己在回答問題，或是在談論

自己，沒聽到對方的故事，那就停下來，雙方對調角色。這一點非常重要。對方要是誤以為你是來找工作的，那就糟了，這場生命設計訪談可能已經或即將宣告失敗。心態很重要。你想想，要是對方以為你是來求職，他們的第一個念頭會完全與你無關，心中盤算著：「我們公司有開缺嗎？我有可以跟這個人聊的事嗎？」答案通常是沒有，因此要是你努力尋找訪問對象，而對方卻以為你在找工作，十之八九對方根本不會答應見面，你只會吃閉門羹。我們會覺得對方怎麼這麼沒禮貌，高高在上，但那其實是最好心、給予最大協助的回答。如果你真的是在找工作，而對方的公司不缺人，或是無法在聘雇流程中幫上忙，他能幫的最大忙，就是實話實說，要你快去其他缺人的公司，尋找能幫上忙的人。我們會覺得對方不夠好心（而且多數人拒絕他人的手法很粗糙），但其實就是這麼一回事。

　　如果恰巧訪談對象的公司真的在徵人，他們心中會想的第二個問題是：「這個人適合進來我們公司嗎？」工作面試官的心態是挑三揀四。如果我們要的是聽到有趣的故事，或是人與人之間的連結，那種心態對我們來說，根本沒有半點好處。

　　事實上，生命設計訪談和工作面試一點關係都搭不上，只是聊聊而已。因此，想和某人見面的話，不要提到「面談」兩個字，對方會以為你要的是工作面試（除非你是記者。如果你真是記者，對方會因為別的原因更加緊張）。各位應該找到正在做你有興趣的事的人士，聽聽他的故事。這其實比想像中容易。你一旦判定安娜很

酷，在做非常有趣的工作，你和安娜就有了共通點——你們兩人都認為，她以及她在做的事，是你們兩人最感興趣的話題！請別人與我們見面的基本精神是：「哈囉，安娜，很榮幸能聯絡上妳。約翰說，妳是幫助我的最佳人選。我覺得妳做的事超強的，想聽聽妳的故事。不曉得我有沒有這個榮幸，可以請妳給我三十分鐘，在妳方便的時間與地點，我請妳喝杯咖啡，講講妳的經驗？」真的，就這樣。（沒錯，可以的話，最好提到安娜看重的友人或同事約翰。你努力和安娜搭上線時，約翰的**介紹**很重要，因為他的緣故，安娜更可能答應和你喝咖啡。世上有很多安娜就算沒有約翰的引薦，也會願意和你喝咖啡，但如果有約翰居中介紹，事情會順利許多。本書第八章會再談及如何得到他人的推薦，那叫建立人脈。沒錯，你需要人脈，才能有效地設計人生，不過後面的章節會再詳談。）

原型體驗

　　原型對話很棒，可以提供大量資訊，而且很簡單。不過打造人生設計時，光是聽故事還不夠，還得實際體驗一下「那種」感覺——看其他人做，或是自己親自做做看更好。透過原型體驗，直接接觸可能的未來生命版本，從做中學。體驗方式包括選一個自己有興趣的行業，跟在一位在職人士身邊一天（「帶朋友上班日」），做一週自己設計的無酬探索專案，或是實習三個月也可以（實習三個月

顯然得花更多時間精力）。如果各位透過生命設計訪談，已經有過不少原型對話，一路上會認識有興趣觀察或見習的對象，也應該有辦法打造各種原型。只需開口詢問──不用擔心，助人為快樂之本，人們都喜歡幫忙。我們輔導過的多數人，十分訝異生命設計訪談竟能輕鬆地進行。他們見到的人，似乎很享受整個過程。雖然見習比花三十分鐘喝咖啡，要求更高，不過如果已經進行過十多場原型對話，你會更有把握。試試看就對了，就算得開口拜託好幾次也沒關係，你會從中學到許多東西。

　　擁有實作的原型體驗，如實地**做看看**，不只是聽別人講或看別人做，是更大的挑戰。然而，花費這個工夫真的很值得，最好事先找出某件事是否真的適合自己。各位不會不試車就買車，對吧？然而，我們找工作與轉換人生跑道時，老是不試一試就跳進去。仔細想想，真是太瘋狂了。還記得嗎？艾莉莎在直接投入資金開熟食店之前，其實可以先測試一些點子，例如承辦幾場外燴，或是做一做清理餐廳桌子的短期工作？各位要找的，就是那樣的試做點子。構思這樣的原型體驗，是貨真價實的設計工作，而且需要大量點子。接下來要介紹**設計腦力激盪**（design brainstorming），也就是同心協力找出眾多點子的方法。一起來吧！

腦力激盪原型體驗

請回顧前一章擬好的奧德賽計畫，希望各位已經得到靈感，知道想探索哪些「未來版本的我」，也找出需要回答的問題。在大公司工作多年後，換到小公司做做如何？全職管理有機農場，和花一個夏天做 WOOFing（working on an organic farm as a volunteer，在有機農場當義工），有何不同？業務的一天究竟是怎麼過的？請仔細檢查自己的奧德賽計畫的「一致性」、「喜愛程度」、「令人興奮的程度」，是否都過關了，還有是否有足夠的自信。可能碰上什麼問題？我希望透過原型，進一步瞭解哪方面的事？

我們可以靠腦力激盪出一些原型點子，處理相關挑戰。

幾乎每個人都做過「腦力激盪」，不過這個隨處可見的詞彙常被濫用，不論是架構完整的創意練習，或是單單坐在房間裡拋出一些點子，統統稱作腦力激盪。腦力激盪是一種技巧，可以帶來大量跳脫框架的創意點子。亞歷克斯・奧斯本（Alex Osborn）一九五三年出版的《應用想像力》（*Applied Imagination*）一書，最先提出這個詞彙，指一種依據兩個原則想出點子的方法：一、大量提出點子，重量不重質；二、先不要批評，不然參與者會在腦中審查自己的點子。從這個最初的版本開始，腦力激盪成為廣受歡迎的點子發想與創新方法，形式五花八門，不過全都遵守奧斯本的兩個原則。

最常見的形式是團體腦力激盪。一群人聚在一起（通常四到六

人不等），選擇一個焦點問題，接著花二十分鐘到一小時，盡量想出解決方法，愈多愈好。目標是得出足以打造原型的點子，接著在真實世界中試行。

脑力激盪需要一群想幫忙、也練習過這項技巧的人。要找到理想的參與者並不容易，不過一旦擁有優秀團隊，就能大有進展，找出製作原型的生命設計點子。如同優秀的即興爵士樂手，優秀的腦力激盪成員很清楚，必須專注於主題，但也要懂得適時放手，把心力放在當下，即興創作，想出高度原創的點子。生命設計腦力激盪需要練習，也需要專注力，不過一旦熟練，再也不會缺點子。

生命設計的腦力激盪共有四步驟，以按部就班的方式，激盪出大量原型點子。負責召集眾人的主持人，通常已經擬好腦力激盪主題。此外，自願幫忙的小組不該少於三人，但也很少超過六人。大家集合後，流程如下：

1. 擬出好問題

一定要替腦力激盪時間擬定一個好問題。主持人透過想問題的過程，集中小組的精力。發想問題時，主持人必須注意幾點原則。

如果問題的答案不是讓大家自由發揮，就不會有趣，也不會得到太多回應。我們做生命設計腦力激盪時，一般從一句話開始：「我們可以想出多少辦法來……」這樣的問法，不會限制眾人提出的點

子數量。克拉拉主持腦力激盪時，可以問：「我們可以想出多少辦法來體驗促進女性力量的運動？」鍾在決定念研究所之前，可以先召開腦力激盪會議，問：「生涯顧問是在做什麼？我們可以設想哪些情境，找出生涯顧問做的每一件事是什麼感覺？」

此外要注意，別不小心把自己的解答放進問題裡。比爾輔導的客戶常發生這種事，例如要眾人腦力激盪「十種幫倉庫架梯子的新方法」。這種問題架構不是太理想，因為梯子已經是解決方案（而且只希望得到十個點子）。比較理想的問法是著重梯子的功能，例如：「我們可以想出多少辦法來……讓大家取得放在高處的庫存？」或是「我們可以想出多少辦法來……讓倉儲人員在倉庫上上下下時，暢行無阻？」這一類的問句並未先行假設梯子是解決問題的唯一辦法，提供醞釀創意解決法的空間（例如，由使用者操作的倉庫無人機？）。

此外，問題的範圍不能太廣，以免失去討論意義。有的人擬定的生命設計腦力激盪問題像這樣：「我們可以想出多少辦法來……讓鮑伯幸福？」有兩點原因讓這種模糊的問題無效：首先，每個人對「幸福」的定義都不同，再來就是正向心理學認為，幸福要看情境，也就是說沒限定情境（如「我的工作」、「我的社交生活」）的話，沒人知道從何著手。少了範圍，這類型的腦力激盪想出的點子，一般無法打造原型，讓人覺得用處不大。

我們發現，大家如果回報「腦力激盪沒用」，通常毛病出在擬

定了不理想的問題，已經假設就是要採取某種解決方式，或是過於模糊，造成大家無從著手。各位靠四步驟進行腦力激盪時，首先一定要留意這件事。

2. 暖身

　　若要進行精彩的工作腦力激盪，得先從忙昏頭、每件事接踵而來的工作日，進入努力發揮創意的放鬆狀態。大家需要一些外在協助，進行轉換心態的活動，才有辦法從分析與批判資訊的大腦，轉換到整合與不批判的大腦。身心會相互影響，需要一些練習，才能擅長這樣的轉換。優秀的主持人會帶領大家暖身，好讓創意上身。如果要讓腦力激盪時間充滿活力、思路大開，一定要先暖身。

　　各位可以造訪本書網站 www.designingyour.life，上面有我們和學生一起做的各種練習與即興遊戲。這裡只簡單提一個屢試不爽的暖身活動：給腦力激盪小組每人一罐培樂多黏土。比爾在玩具公司肯納製品（Kenner Products）工作時，愛上了培樂多。培樂多有股神奇的魔力，可以讓人返老還童。讓大家在腦力激盪時間玩培樂多，絕對能得到更多更好的點子。

3. 進入腦力激盪時間

剛才提到，腦力激盪時間需要有人主持。主持人負責布置會場，確認每個參與者都有筆與便利貼（紙也可以），而且空間安靜舒適。此外，主持人也得協助擬定問題，準備暖身活動，記錄每個人說的話，確保大家遵守規則。

我們建議讓所有與會者都用筆和便條紙，記下自己的點子，不必受限於主持人記錄的速度，也比較不會不小心錯過好點子。

腦力激盪原則：
1. **重量不重質。**
2. **晚一點再批評，不要覺得有的點子不該提。**
3. **接力別人的點子。**
4. **鼓勵瘋狂點子。**

「重量不重質」這項原則，讓小組有共同的目標，刺激大量正能量。優秀的腦力激盪團隊會不斷冒出點子，很少冷場。

「晚一點再批評，不要覺得有的點子不該提」這一條，則是為了讓大家在腦力激盪時間，放心提出所有心中冒出來的瘋狂點子。我們會害怕別人覺得我們蠢，而恐懼會扼殺創意。不批評原則可以確保創意不被扼殺。

「接力他人點子」，就像爵士四重奏中，一個人先獨唱，接著下一個人重複相同副歌，把音樂的點子傳下去。運用團隊的共同創意是好事，接力原則可以帶來創意上的互動。

「鼓勵瘋狂點子」的用意，不是因為瘋狂點子本身有用（它們很少是最後中選的點子），而是因為我們必須突破常見的思考框架。當我們遠離框架，在瘋狂的世界裡遨遊一番後，接下來出現的點子一般會更有新意，也更原創。瘋狂點子經常會為最能派上用場的原型播下種子。

4. 取名字與整理點子

第四步可能是腦力激盪最重要的一環，不過我們留意到多數小組都忽略了這個步驟。大家做完腦力激盪後，可能用手機幫滿牆的便條紙拍照，四處開心擊掌，然後就離開了。然而，牆上的資訊很容易「隨風而逝」，不立刻處理的話，點子的新鮮之處以及點子之間的關聯會被遺忘。與會者通常在事後感覺什麼事都沒發生，記不得先前的腦力激盪到底想到了什麼好點子。

各位應該計算一下點子——要能說出：「我們一共想出一百四十一個點子。」接著依據主題或類別，把相似的點子放一起，幫每一組取名字，並連結到最初的焦點問題。用一段話，描述每一個獨特的類別，還可以用有趣的名字，點出那組點子的精神，接著投票。

投票很重要，而且應該安靜地投票，不要影響彼此的選擇。我們喜歡用彩色圓點投票。此外，我們常用的點子歸類法有：

- **最令人興奮**
- 如果不用顧慮錢，我們想做的事
- 黑馬──大概不會成功，但成功的話……
- 最可能帶來美好的生活
- 如果可以不去管物理法則……

完成投票後，討論中選的點子，此時可以再度分類、重新整理；接著決定要先替哪一個點子打造原型。

目標是完成四步驟後，可以說出：「我們想出一百四十一個點子，一共分成六類，接著依據焦點問題，選出八個要打造原型的超棒點子，排出優先順序，我們要做的第一個原型是……」瘋狂點子通常稍微修正一下，就能化身為好點子。舉例來說，克拉拉的腦力激盪時間出現的瘋狂點子是：「去見一百位曾捐款給女性非營利組織的捐款人」。克拉拉可能覺得，見一百個人超過能力範圍，但是見大量有經驗、有智慧的人士，感覺上很吸引人──進一步延伸後，改成尋找捐款團體，因而發現了「加州女性基金會」這個絕佳的起點。

各位做完四步驟之後，如果得到像克拉拉那樣的結果，生命設

計腦力激盪的工夫就沒白花。腦力激盪將帶來精力與動能，讓我們想出可進一步探索的原型體驗，朝目標邁進。此外，每當我們需要新點子與社群的支持，或是想在生活中，跟信任的人享受一點好時光，都可以做腦力激盪的練習。

各位可以在介紹奧德賽計畫的聚會（見本書第五章），順便進行原型體驗的腦力激盪。一起參與的朋友，如果有機會給你意見回饋，也能提出點子與可行的原型方案，直接參與你的生命設計，他們會更享受聚會時光。

牛刀小試
原型設計

1. 回顧自己的三個奧德賽計畫，以及替三個計畫想出的問題。
2. 列出或許能解答相關問題的原型對話名單。
3. 列出可能解答相關問題的原型體驗。
4. 萬一卡住，身旁又有一群優秀的朋友，那就腦力激盪，想出各種可能性（沒有團隊？試著畫出心智圖）。
5. 積極找人做生命設計訪談與體驗，打造原型。

7

找「不」到工作的方法

　　賈伯斯（Steve Jobs）與比爾・蓋茲（Bill Gates）一輩子沒寫過履歷，沒去過就業博覽會，也不曾絞盡腦汁，字字推敲，讓完美的求職信有完美的開場白。完美和生命設計一點關係也沒有。美國九成求職者找工作的標準模式，更是完完全全和完美沾不上邊——據說成功率還不到五％。沒錯，九成的人使用成功率只有五％左右的方法在找工作。

　　柯特頂著史丹佛大學設計碩士光環，剛完成兩年實習，而且原本就有耶魯的永續建築碩士學位。太太姍蒂剛懷孕，夫妻喜迎第一個孩子。他們決定從矽谷搬到喬治亞州亞特蘭大（Atlanta），在姍蒂娘家附近成家立業。念了這麼多年書，柯特終於準備好靠著耀眼學歷進入職場，建立自己會熱愛、薪水也夠繳帳單的事業。柯特曉得如何用設計師的頭腦思考，然而他剛抵達喬治亞州時，覺得有必要（向老婆還有岳父母）證明，自己非常認真在找工作——立刻就得找到。於是他動起來，做了功課，仔細尋找地方上符合自己學經歷的職缺，篩選出最適合的工作，投了三十八份申請書，附上令人

印象深刻的履歷，以及替每一份工作量身打造的求職信。

理論上，柯特會讓雇主驚豔萬分，搶著要他這個人才，錄取他的公司讓他不知如何取捨，然而以上這些事統統沒發生。柯特寄出三十八份工作申請，八間公司寄出簡短的 e-mail 感謝函，其餘完全無消無息。八家回絕，三十家不回。沒有任何面試機會，沒有錄取，沒有後續追蹤電話。柯特大受打擊，開始焦慮孩子出生後該如何是好。柯特還是擁有耶魯與史丹佛學歷的人，連他都這樣，其他人又該怎麼辦？

柯特用上的第一種求職法，是多數人找工作的標準模式：在網路或企業網站上尋找徵人啓事，閱讀職缺說明，決定哪幾個是「完美」工作，接著寄出履歷和求職信，等對方的人事經理打電話約面試，然後等到天荒地老。

等。

再等。

這種求職法的問題，在於五二％的雇主坦承自己聯絡的人，還不到應徵人數的一半。[1]

標準求職法失敗率超高的原因在於，這種模式建立於錯誤的假設，誤以爲完美工作正等著我們。

在網路上找工作

現代人以為網路是找工作唯一的辦法，凡事都靠上網搞定，然而這不過是另一個導致挫折連連的無效想法，副作用是喪失自信。

多數的好工作（亦即符合夢幻工作的定義）永遠不會公告開缺。最有趣的新創公司（有一天成為下一個 Google 或蘋果的公司）職缺永遠在放上網路之前就被搶光。員工不到五十人、沒有人資部門的公司，常是令人雀躍的工作地點，但是這種公司一般不會公告職缺。大型企業通常也只向內部公布最有趣的工作機會，多數求職者都看不到。其他許多職缺，也只有在口耳相傳或社交網絡仍找不到人之後，才會對外公布。網路上沒有這種好康。不管堂哥朋友的弟弟號稱自己是怎麼找到頭路，那種差事就是不會放在網路上。

在網路上找工作，得耗費驚人的大量時間，不但得絞盡腦汁寫求職信，依據不同徵才內容修改履歷，還得管理與追蹤網路上無數職缺。花那麼多時間，耗掉那麼多力氣之後，只換來一去不回。求職原本就不是什麼好玩的事，在網路上找工作，投出數百封履歷，只換得一、兩個正面回應，更是折磨。把網路當成唯一的求職法，無疑是在自虐。

本書不建議把網路當成最主要的求職途徑，不過網路每週都會出現成千上萬的職缺。如果各位還是堅持在網路上以尋寶方式找工作，以下提供一些局內人的建議，協助大家改善在網路上找到工作

的機率。

瞭解職缺說明是怎麼一回事

　　世界各地缺員工的管理者，的確是誠心想找人，出發點良好，只是採取的流程行不太通。中、大型公司，一年要重複數百遍刊登求才廣告、面試與聘雇的流程，無法花太多時間在每一次的徵人上，但是沒人想錯過好人才，因此放在網路上的職缺會講得很籠統，盡量讓最多的應徵者符合資格。此外別忘了，底下缺人的主管，還有平日固定的事情要做，找人的事等於是多出來的工作，通常沒時間、沒心思好好解釋開缺的職務是怎麼一回事。

　　有多少次，你覺得「我的履歷完美符合這份工作所要找的人！」？因此你應徵了，結果拿到無聲卡，甚至沒知會收到了履歷？各位如果知道以下兩件事，瞭解公司內部的徵人流程，就會懂得一切是怎麼一回事，也就不再感到那麼受傷了。

1. 網站上的工作描述，一般不是想徵人的主管寫的，也非出自真正瞭解那份工作的人。
2. 職缺說明幾乎從來不會提到那份工作真正需要的條件。

　　接下來是網路上真實存在的徵人消息，這裡直接借用幾個句

子，或是經過稍微改寫，各位看了就知道我們剛才在說什麼。大部分職缺用兩、三欄列出公司的尋人說明：

第一欄：條件要求

職缺說明的開頭通常長這樣：

X 公司（替某工作）誠徵符合以下條件的人才：

- 良好的書寫與口語溝通能力
- 優秀的分析能力
- 出色的業務規畫與報告能力
- 擁有高度熱忱與創意
- 能分清優先順序，適應緊湊的工作步調
- 擁有積極行動的心態，高度專注於細節
- 具備良好創新與行銷能力
- 熱情服務客戶

這類型的要求實在過於籠統，看完之後，依舊不曉得那份工作需要什麼，不過是列出優秀員工都該具備的特質（而非技能）。光看履歷，幾乎無法依據相關條件篩選。

第二欄：技能

列完一般條件之後，職務說明通常會放上詳細到荒謬的特定學歷與技能要求。

應徵者應具備以下資歷：

- 學士、碩士或博士學歷，擁有十年工作經驗（而且那十年是做跟我們公司完全一樣的事）
- 五到十年（使用我們公司某個尚未淘汰的過時軟體）的經驗
- 三到五年（只有待過我們公司，才知道該怎麼做的某個天曉得是什麼事的）經驗

這一欄的工作描述，其實是在羅列前任者的技能，寫的是過去的事，沒考量未來可能發生的變化，或是公司正在更換軟體平台，相關技能將在六個月內派不上用場，也沒考量到如果公司正在茁壯成長，辦公室流程及其他營運方式將不斷產生變化。

第三欄：「特殊條件」

等等，還沒講完。我們最喜歡的工作描述，其實是過勞的人資或辦公室經理在介紹職缺時，不小心透露的真相。他們會加上這樣

的條件：

● 本工作不適合心理素質不佳的工作者，僅資歷完整的優秀工作者適合應徵。

這種工作，「你一定是瘋了才去做」。這種條件真正的意思是說：「這份工作爛到爆，只有做過爛缺還活下來的人，才適合應徵」。

● 我們正在尋找超級英雄，有能力在緊迫盯人的時間限制下，完成多到荒謬的工作。

「超級英雄」四個字的意思是，「這份工作是不可能的任務，沒有人能勝任」。

● 應徵者必須有能力提出鼓舞人心的出色解決方案。與同事分析、討論策略時，必須具備洞察力與說服力。

這叫「想得美」的條件。我們從來沒碰過哪個求職者不認為自己具備洞察力與說服力，出色又鼓舞人心。對自己有這樣的信心很好，但根本不可能用這種條件篩選應徵者。

再講一遍，剛才提到的徵才條件，沒有一條是瞎掰出來的，全部取自大型企業求職網的徵人廣告。這種徵人法實在不太明智，這類型的工作描述，不太可能只吸引到最符合條件的求職者。不過無論如何，各位懂了網路上的職缺是怎麼一回事，就有辦法改善上網找工作的成功率。

脫穎而出之前，得先符合徵才條件

如果要得到面試機會，各位的履歷必須出現在某個人桌上一疊文件的最上方，因此首先要做的事，就是「符合徵才條件」。符合徵才條件的意思，不是在履歷上造假。如果你想被人注意到的話，徵才條件用了哪些字詞，就用一模一樣的話形容自己。此外，先別提自己擁有其他厲害的跨領域技能組合──寫太多，只會讓對方無從判斷你是否「符合」開缺工作所需的條件。

透過網路蒐集履歷的中、大型企業，大都會把履歷掃描後存進人資或「人才管理」資料庫。想找人的經理，永遠不會看見最初投遞的履歷，而是利用關鍵字搜尋資料庫，「發現」履歷，於是最常見的關鍵字，就是職缺說明的內容。因此，若要增加自己被搜尋到的機率，就依樣畫葫蘆，使用徵才說明第一部分提到的字詞。

職缺說明上提到的必備技能很重要，但通常不是決勝負的條件。別忘了，相關描述是依據那份工作的現況出發，並未著眼於未

來。如果擁有被點名的技能，那就逐字照抄，加進履歷裡。萬一沒有，就列出類似技能，想辦法用類似職缺說明、可能被當成搜尋關鍵字的字詞，描述那些技能。

最後要注意的是，在聘雇流程的「篩選應徵者」階段，公司會尋找符合需求的技能。一旦獲得面試機會，面試中所說的話，必須讓對方感到你符合徵才條件。如果想進壘球隊，壘球經理需要的又是投手，他會找投手，不會找捕手，也不會找右外野手。此外，不要大談自己蒐集棒球卡，贏過棒球冷知識競賽，興趣是做棒球蛋糕，只要提投手的事就好。在篩選階段，不要談自己其他的驚人才華，別提職務說明中沒提到的技能，否則會讓人覺得你在亂槍打鳥，對於要應徵的工作沒興趣。更糟的是，對方會覺得你沒仔細聽，牛頭不對馬嘴。接下來的聘雇流程，還有讓人「脫穎而出」的機會，一開始就展現其他技能，只會被排除在候選名單之外。

接下來是讓上網找工作更具效率的祕訣：

訣竅 1：重寫履歷，職缺說明怎麼寫，就照著寫。 跟著寫「良好的書寫與口語溝通能力」，不要寫「寫作能力佳，擅長與人溝通」。放上「熱情服務客戶」，不要寫「以客戶為本」。改寫之後，可以增加被關鍵字搜尋到的機率。此外，有什麼就放上去。找工作不是謙虛的時候，畢竟誰不是「擁有高度工作熱忱」、「創意十足」？

訣竅 2：如果擁有網路徵人啓事上要求的特定技能，放進履歷時，要用一模一樣的用語。萬一沒有，就想辦法用會被關鍵字搜尋到的字詞，描述自己的能力。

訣竅 3：徵才啓事要什麼，履歷中寫那些事就好。就算原本的職缺描述很籠統，這麼做可以增加被搜尋到的機率。接著，盡量用完全相同的字詞，說明你能貢獻的技能。寫自己能替公司做什麼，不要寫爲什麼那份工作適合你。履歷上的你，不要什麼都會一點，也不要什麼領域都做，只要回應公司的需求就好。先讓徵才的公司安心，你確實擁有他們需要的技能，接著才利用專業深度令人印象深刻，不要急著「脫穎而出」。

訣竅 4：面試時，永遠帶著印得漂漂亮亮、剛出爐的履歷表。面試的時候，大概是第一次有人發現，你爲了設計那份該死的履歷，費了多少力氣。

各位如果希望在網路上順利找到工作，還有幾件事要注意。如果找工作時，知道接下來的幾件事，可以省下數百小時的工夫，別浪費寶貴的精力。

「拿香蕉請獅子」症候群

依據經驗，徵才的人常會列出目前在職者辦不到的條件。美國

多數企業的管理階層，都有打如意算盤的毛病。他們徵人的方式像這樣：

珍（離職員工）是很好的專案經理，不過要是她在 X、Y、Z 方面的能力強一點就好了。現在她走了，我們來登廣告，說我們要「超級版的珍」，列出所有珍以前要做的事，再加上所有我們希望她能做的事，說不定有符合這種條件的人。

包山包海的工作需求登出去了，依據關鍵字搜尋，抓出履歷，先做電話篩選，預約面試。來了一位應徵者，又來了一位應徵者，但沒有任何人過關，因為他們都不是「超級版的珍」。雪上加霜的是，符合新條件的人，不會接受公司先前聘珍的薪水。這種面試流程毫無效率可言——面試團隊與應徵者被搞到人仰馬翻，但沒有人錄取。

各位求職的時候，一定要趁早發現自己是否陷入這種面試流程。

及早發現的方法之一，是調查一下那個職缺已經公告多久。如果是好工作，永遠不會開缺超過四週（六週是極限）。

另一個方法，則是找出已經有多少人接受面試。開缺時間與面試人數，可以讓人得知事情大概是怎麼一回事。找出答案的方法出乎意料地簡單，只要問面試團隊就能得知。陷入不良工作情境的人，知道事情不對勁，心中沮喪，大概會告訴你實情，甚至坦承自己也想離職。這種事發生的機率比想像中來得高！

依據經驗，要是已經有八人以上接受面試，公司都沒做出決定，聘雇流程大概有問題。那是該公司不適合去的徵兆，最好趕快落跑。

「假職缺」症候群

另一件要小心的事，則是許多公司規定雇人之前必須先公告。理論上，是為了廣徵天下賢才，許多時候，主事者卻老早決定聘用公司內部或外頭某個人選。他們熟悉自家的官僚體制，寫出非常詳盡的職責描述（完全符合內定人選的條件），接著放出「假」職缺，等公司規定的兩星期過去，草草面試幾人，接著聘用原本就決定好的人。由於應徵條件是替內定人選的履歷量身打造，經理可以「證明」自己雇用了最適合的人選。

這類「職缺」從來不曾真正存在，不過我們可能看過這類職缺，還應徵過，以為這家公司真的在徵人，但投遞履歷之後，卻從此沒下文。更糟的情況是，對方浪費了你的時間，讓你參加了假面試卻沒下文。辨認假職缺的方法，是看職缺出現與消失在公司網站的頻率。如果每一、兩週就貼出一次，可能是這個原因。

小心「酷炫公司」與「偽陽性」

各位要是應徵熱門、正在成長、人人想進的搶手公司，要特別注意這個問題，以矽谷爲例，Google、蘋果、臉書（Facebook）、推特（Twitter）等知名度超高的公司都屬於這個類別。凡是健全的產業都有明星公司，各位大概也知道自己想進的產業，有哪幾家熱門公司。應徵這種公司的問題，在於不但「合格」應徵者呈現過度供給的現象，就連「優秀」應徵者也過多。酷炫公司的職缺數量，遠遠供不應求，因此不必擔心能否找到一等一的人才，只擔心雇錯人。要是一家公司誤以爲找到好人才，結果只是普普通通的員工，這叫「偽陽性」──是聘雇的噩夢。

雇錯人極度昂貴、極度麻煩。這個年代不能隨便解雇人（聘雇官司數量達史上新高），而且解雇後，依舊得從頭再走一遍找人流程。公司需要新員工做的重要工作沒人做，時間又一點一滴流逝，還一直在燒錢，然後……反正就是一堆令人頭疼的事。公司在雇人時，盡一切可能避開偽陽性的方法，包括大力容忍「偽陰性」──誤判實際上非常優秀的應徵者爲不適任。對酷炫公司來講，不小心放走好人沒差，反正優秀的應徵者太多，誤判幾個人總比雇錯人好。也因此酷炫公司的聘雇流程有時相當嚴苛。好人才常被拒於門外，而且通常原因不明。這種事也可能發生在各位身上。酷炫公司就算開出瘋狂的條件，通常**也有辦法**找到幾乎**完全吻合**的人才（剛

才我們說現實中沒這種好康，但酷炫公司就是有辦法扭曲現實力場）。因此，只要稍稍不合它們理想中的雇人條件，或只晚了一、兩天丟履歷，就可能沒機會，就算真的是優秀人才、進去後會成爲優秀員工也一樣。酷炫公司不在乎，也不必在乎。這麼做並非冷酷無情，不過是聰明的商業決策。因爲它們太受歡迎、太成功，不得不如此。

　　這是一個重力問題：你無能爲力。如果想應徵這種酷炫公司，就得照對方的遊戲規則走，祈禱自己會中選。記住，這種公司的確想雇用好人才，如果進得去，可能也是理想的工作地點。想進去的話，最好靠前文提到的原型對話，和公司內部人士建立良好連結，人脈能幫上很大的忙。你依舊得走過聘雇流程，但會有人助你一臂之力。這裡沒有勸退大家的意思——許多酷炫公司的員工熱愛自己的工作，那種工作或許值得費心思爭取，不過一定要狠下心來誠實面對錄取機率。話就說到這兒，大家自行斟酌。

理想情況

　　各位可能已經注意到，徵人啓事怎麼都沒提到這幾件事：

- 本公司正在尋找工作觀與人生觀相符的人才。
- 本公司正在尋找的人才，認爲找到好工作的方法，就是善加

運用自己的特殊專長。

● 我們要找的人才，應該具備高尚的品格、快速學習的能力、
發自內心的高度動機，剩下的公司會教。

在我們的完美世界，事情應該這樣才對。

現實中發生的事，則是企業向潛在員工公告幾乎什麼都沒講的糟糕職缺說明，接著又說自己在找願意跳進火坑的超級英雄與勇者。網路上能找到的職缺，似乎沒半個提到本書討論的議題——不講為什麼我們要工作，也不講工作是為了什麼等深層議題。究竟為什麼有人想應徵這種公司，實在令人想不透。

記住，生命設計不處理重力問題。我們無意「修正」網路職缺的用詞。不過沒關係，就算網路職缺用處不大，依舊是與背後的企業對話的起點。

留心觀察是生命設計的關鍵，尤其是職業生涯的設計。只要瞭解從雇主的角度來看，聘雇、撰寫職務說明、看履歷、找人面試的流程究竟是怎麼一回事，找到工作的成功率就會大增。同理心是設計思考很重要的一環，對於被履歷淹沒、想找人的可憐經理有同理心，亦即理解他們碰上的情境，就能設計出更有效的求職法。求職要有效率，就得重擬一個簡單但重要的設計。

無效的想法：專注於自己找工作的需求。

重擬問題：專注於企業管理者找到正確人選的需求。

基本概念是，世上沒有為我們量身打造的完美工作，但我們可以讓許多工作夠完美。

8

設計夢幻工作

無效的想法：夢幻工作正在等著我。

重擬問題：靠積極尋找與共同打造，設計出夢幻工作。

好吧，我們到家時，夢幻工作不會坐在門前台階等著我們，那麼要上哪兒找呢？首先，各位得明白一件事：世上沒有夢幻工作這種東西，人間沒有獨角獸，也沒有白吃的午餐。外頭只有許多有趣的差事，在值得打拚的公司裡，有一群兢兢業業的人努力把事情做好。世上的確有同事好、公司也好的好頭路。那種好頭路之中，又至少有一、兩個，是你可以讓它們近乎完美、令你真心熱愛。本章要協助各位找到的「夢幻工作」，指的就是那種工作。然而，你目前幾乎看不到，因為它們存在於隱藏的工作市場。

前一章不推薦在網路上找工作。美國僅有二○％的工作機會放在網路上，或公告在其他地方。換句話說，整整五分之四的工作機

會，無法透過標準求職模式找到。這個數字太過驚人，也難怪許多人會心灰意冷，處處吃閉門羹。

　　如何才能打進那個隱藏的工作市場？嗯，沒辦法。沒人有辦法。沒有打進隱藏工作市場這種事。隱藏的工作市場，只對已經在專業人脈網裡的人開放。這是一場「圈內人的遊戲」，幾乎不可能以求職者身分進入那個人脈網。不過，如果我們本諸至誠地好奇詢問，相當有可能打進去——只要我們是想聽故事的人（而不是在找工作的人）。事情就是這樣。找出自己想從事何種工作的最佳技巧（第六章的靠「生命設計訪談」打造原型），恰巧也是打進感興趣的隱藏工作市場的最佳方法，甚至是唯一之道。先前我們提到柯特。柯特擁有耶魯與史丹佛學歷，還精心撰寫了三十八份履歷，卻處處碰壁。柯特用傳統的方法找工作，一無所獲，灰心喪志。他知道是該運用設計思考的時候了，不要再四處應徵工作，改做生命設計訪談。他與自己真心感興趣的人士，進行五十六場貨真價實的原型對話。那五十六場對話，帶來七份好工作，其中一份還是夢幻工作（真的很夢幻，不是虛有其表）。柯特最後得到夢幻工作，目前在工作時間有彈性、離家近、薪水好的公司上班，做著有意義的環境永續設計。柯特有機會錄取七個職位，**不是**因為開口要工作，而是因為請別人說出生命故事——整整五十六場對話。

　　記住，做生命設計訪談時（如原型對話一般運作），唯一的目的是瞭解某種工作、某個職務是在做什麼，以及自己接下來是否想

嘗試那種類型的工作。對話時，你真的**不是**在找工作──只是想聽故事而已。各位會問：「等等，剛才不是說，柯特靠五十六場生命設計訪談，拿到七份工作嗎？那又是怎麼一回事？聽故事怎麼會得到工作？」好問題。各位問了一個重要問題，答案出乎意料地簡單。

　　多數情況是，和你對談的人自動提供工作。「柯特，你似乎對我們做的事十分感興趣。照你剛才說的話來看，你似乎擁有我們需要的才能。有沒有想過在我們這樣的地方上班？」

　　依照本書推薦的方法去做且得到工作機會的話，一半以上是對方主動邀約，你根本不必開口。如果對方沒開口，你可以問一個問題，讓對話的方向，從「請對方提供故事」轉向「求職」。

　　「我愈瞭解 XYZ 環境公司，見過公司愈多人，愈覺得那是很棒的地方。艾倫，像我這樣的人，如果想看看如何進入這樣的組織，應該做些什麼？」

　　就那樣而已。一旦開口問：「像我這樣的人，如果想看看如何進入這樣的組織，應該做些什麼？」艾倫就知道換檔時間到了，開始用挑人的眼光，把你想成應徵者。對方會改用大腦批判的那部分，不過沒關係。這件事遲早會發生，如果時機正確，就上吧。

　　請注意，不要說：「哇，你的公司真好！有開缺嗎？」前文解釋過，這種問法得到的答案八成是「沒有」。「探索……時，應該做些什麼？」是開放性的問題（不是是非題），對方可以回答就算目前沒職缺、未來可以怎麼做。此外，如果你問的對象是艾倫，雙

方已經產生連結、對方覺得你這人滿優秀的，艾倫可能給你一個直截了當、但有幫助的回答，甚至可能說：「我們近期不會徵人，不過我覺得你會適合我們合作的公司。你見過綠化空間公司的人了嗎？我覺得你會喜歡他們那裡。」

這種事常發生。

順道一提，柯特拿到七個工作機會，有六個他甚至沒問是否開缺，只是請訪談對象提供故事，對方就主動開口。柯特拿到的七份工作，全是沒有對外公布的職缺，只有一個例外——它們存在於隱藏的工作市場。柯特最後接受的工作，是唯一對外公開的職缺，不過直到他和對方執行長約好做生命設計訪談，公司才對外宣布。訪談非常順利，職缺宣布時，他早已十拿九穩。

對了，柯特的故事還有一個重要的小細節。他和後來選擇的公司進行最終一關面試時，五人董事會提出的第一個問題是：「你認為自己能否在本地的永續建築社群中，有效建立合夥關係？畢竟你才剛搬來喬治亞州。」柯特掃視一下桌邊，欣喜地發現，五位董事中，自己和三人喝過咖啡。他回答：「我已經成功聯絡上你們之中的三位。我很願意代表公司，繼續對外建立聯繫管道。」柯特在工作面試時的確表現傑出，但是在那之前，他已經下過工夫，大量建立人脈。

人：另一種全球資訊網

柯特下苦工進行原型對話時，接觸了很多人，建立關係，獲得引薦，找到需要找的人。要得到引薦，就需要「人際網絡」，聯絡認識的人，以及熟人的朋友，甚至聯絡網路上找到的陌生人，請大家建議人選——如果想進一步瞭解亞特蘭大地區的永續建築，應該聽誰的故事。整個過程並不容易，柯特不是很喜歡這個環節（沒人喜歡），但的確有用，建立人脈是絕對必要的步驟。

很多人一聽到「建立人脈」，就退避三舍，腦中立刻想到圓滑、自私自利的人，為了高攀，操縱他人，或是假裝關心某人，只為了利用對方接近另一人。電影、小說中的許多角色，以及我們在真實生活中碰過或聽說的人物，都強化了這種負面觀感。不過告訴各位一個好消息，這種刻板印象在生活中儘管真有其人，卻是少數。這樣吧，讓我們替人脈建立另一種形象（重擬），看看能否讓各位更容易接受這個概念。

無效的想法：建立人脈只是在利用他人，虛偽透頂。

重擬問題：建立人脈不過是在請人指點迷津。

　　回想一下，上次走在熟悉的城市街道，一輛不認識的車緩緩靠近，一臉沮喪的駕駛或乘客搖下車窗，把頭伸過來。好了，看每個人居住地的治安狀況而定，各位的第一反應，可能是迅速低頭找掩護、尖叫逃開，或是拿出防狼噴霧。不過，多數人的第一反應是提供協助。

　　車上的人迷路了，請你告訴他最近的咖啡廳怎麼走，或是怎麼上高速公路，遊樂園怎麼去，古董店在哪裡。各位碰上這種情形會怎麼做？多數人如果知道路，就會告訴對方，協助對方。車上的人可能多問幾句，問我們的城市還有哪些地方值得參觀，或是我們指路的那家咖啡廳服務如何。接著開車的陌生人離去，我們繼續前往自己的目的地。對方帶著你的路線和觀光資訊離開時，你感覺如何？被利用嗎？你會因為他們隔天沒打電話過來、沒成為臉書朋友，或是他們關心抵達最近咖啡廳的程度勝過關心你，而感到不舒服嗎？當然不會，你們又不是朋友，你們並未進入一段關係。你只會覺得很開心，今天日行一善。許多研究證實，多數人喜歡幫助別人。助人為快樂之本深植於人類的 DNA，我們是社交動物，互相幫忙會帶來美好的感受。

　　柯特不認得亞特蘭大永續建築產業的道路，各位可能不認得通往香港奈米科技社區的路，不認識威奇托（Wichita）喜愛精釀啤酒的人士，或是不熟悉西雅圖急診室護士工會。怎麼辦？你請當地人指路，介紹誰的故事可以聽，這只不過是工作版的問路。去吧，

去問路。這・種・事・沒・什・麼。

　　把「人脈」想成名詞，不要當動詞，重點不是「做」建立人脈這件事，目標其實是參與人際網絡。人脈這件事簡單來講，只是加入一個進行特定對話的特定團體（例如永續建築）。人類活動的每個領域，都由人際關係織成的網絡凝聚在一起，裡面都是真實存在的人。那樣的網絡，支撐、組成、凝聚著社會的那個面向。例如我們所屬的史丹佛大學「網絡」，凝聚著史丹佛。矽谷的「網絡」，是美國西岸讓科技創業得以壯大的鬆散社群。大部分的人都有專業人脈（由同事組成），也有私人人脈（由親朋好友組成）。人們被介紹給專業人脈最常見的方式，是私人人脈的穿針引線，這不叫走內線，只是一種社群行為。透過私人或專業人際網絡，讓新人參與社群對話，是一件好事。人際網絡的用途是鞏固從事相同職業者組成的社群──要進入隱藏的工作市場，只能從這裡下手。

　　講到全球資訊網，各位可以靠網路改變找工作的方式，但方法是從人際網絡下手，而不是找網路刊登的職缺。各位可以透過網路，尋找自己想聽誰的故事。幾年前畢業的學生貝拉，最近打電話過來，告訴我們她有多開心、這個方法有多管用。貝拉成功找出自己想做什麼（影響開發中世界的投資），並利用設計思考在那個領域找到三個很棒的工作機會。最後她接受的職位，是由先前沒聽說過的小型投資機構提供──貝拉只做兩百場對話就辦到了。兩百場，只花了六個月，是真的。

貝拉說，兩百場對話中，超過一半是靠 Google 和 LinkedIn。當然，她做了研究個人與公司的功課，也盡量請人介紹。然而，聰明利用網路工具，也幫上很大的忙。LinkedIn 完全改變我們找人的能力。許多書籍與線上課程，也傳授善用這類工具的方法（LinkedIn 本身就提供一些極佳協助），可以好好利用。若能成為使用 LinkedIn 與 Google 的大師，網路的確會改變人生，不再只是吃掉無數履歷的黑洞。

把重點擺在工作機會，而不是工作

一九五六年成立的非營利組織「全美大學與雇主協會」（National Association of Colleges and Employers, NACE），每年蒐集大學畢業生就業數據，包括新鮮人的平均薪水、雇主最重視的技能，以及畢業生認為自己找工作時最重視哪些事。猜猜看，二〇一四年畢業生找工作的第一考量是什麼。[1]

答案是**工作性質**。

這是一個完全無用的求職標準，第二名和第三名是「薪水」與「同事友善度」。

問題在於，除非已經差不多確定錄取，否則根本無從得知某份工作「真正的性質」。這是一項不可能的任務。由於許多職缺說明十分含糊，多數人排除某份工作之前，根本還沒應徵，就先認定不

「適合」自己（還不知道自己究竟拒絕了什麼）。這是麻煩的雞生蛋、蛋生雞問題，我們的機會因而大幅受限。這也是爲什麼規畫職業生涯時，最重要的心態重擬是：我們不是在找工作，而是在找工作機會。

無效的想法：我在找一份工作。

重擬問題：我努力拿到幾個工作機會。

　　「找工作」和「找工作機會」，乍聽之下差不多，然而關鍵就在這裡。想法一變，一切將會不一樣，不論是納入考量的工作、如何寫求職信與履歷、如何進行工作面試，一直到如何敲定工作、抓住心儀的機會，全都會受影響。最大的影響在於，我們心態會變，從決定要不要接受某份（自己一無所知的）工作，變成好奇自己能在某個機構，找到什麼有趣的工作機會。從批判變成探索，從負面變成正面——那是非常大的不同。

　　如果找的是「工作」，我們的關注會放在職缺本身，努力獲得那份職缺的作法，將是使出渾身解數，說服公司雇用我們，告訴對方我們和那份工作天造地設，生下來就是爲了做那份工作。我們將得說服握有決定權的人士，我們和那個職缺佳偶天成，是天定良

　　緣，少了彼此就活不下去，不能不在一起。然而，由於我們對那份工作的本質所知不多，我們的熱情得靠假裝的。換句話說，只有兩條路，要不就說謊，要不就別應徵了。

　　沒人喜歡說謊。

　　然而，如果我們要的不是一份工作，而是工作機會──目標從「得到一份工作」，變成「拿到愈多工作機會愈好」──一切就變得不一樣。不必騙人，是真的對那份工作有興趣，因為我們的確想要有**機會**評估一份工作。這不是在玩文字遊戲，而是可信度問題。把「找工作」重擬為「找工作機會」後，尋求下一個職位或機會時，就會變得更可信、更有活力、更不屈不撓，也更風趣。當我們變成這樣的人，得到工作機會的機率反而更高。人們雇用的其實不是履歷，而是人，自己喜歡的人、有趣的人，而大家都知道，每個人對什麼樣的人最感興趣（不論是約會對象或員工人選）──對我們最感興趣的人。

　　一切都回歸「好奇心」這種最重要的生命設計心態。不論是找第一份工作、轉換跑道、選擇安可職涯，都得真心誠意地感到好奇。原型對話和原型體驗，不過就是這樣而已：敞開心胸，對可能性充滿好奇。這叫「追尋潛藏的美好」。意思是說，問問自己：「是否有兩成可能，這間公司有我感興趣的事？有一成機會嗎？」如果有，難道不想找出來？當然想。求知的欲望，讓我們展現真正的好奇心，有意願找出某間公司潛藏的美好，不會還不認識對方，就認

定雙方合不來。

　　要進一步研究、想辦法得到工作機會後，才可能得知某個職缺的工作性質。不可能透過不完整的職缺說明，以為做**那份**工作或是替**那間**公司工作是什麼感覺，就認識一份工作。

　　我們很少能在獲得工作機會之前，就清楚某份工作的性質，因此要盡全力拿到愈多工作機會愈好，只要其中一個是良緣就夠了。就是這樣而已，我們要的只是一個可能性。或許有一天，全美大學與雇主協會的新鮮人年度求職調查，第一考量將不是工作性質，而是「潛藏的美好」。把重點擺在可能性，而非先入為主的看法。

職場版的白馬王子童話故事

　　柯特認真對話，找到好工作，接著讓它變成超棒的工作。各位也能和他一樣。這件事的確不容易，得費非常大的工夫，有時令人恐懼。但這也是非常有趣的一件事，而且就我們所知，更是打進隱藏工作市場唯一的辦法。這有點像在拚數量——認識的人愈多，試驗過的原型愈多，就愈可能讓職缺變成工作機會。

　　想一想自己要哪一種。

　　投遞三十八份履歷，一個工作機會都沒拿到。

　　進行五十六場對話，拿到七個工作機會，順便建立很棒的專業人脈。

　　各位比較喜歡哪一種方式？自己決定吧。

　　只要運用設計思考，就大有可能得到第一份工作、轉換跑道，以及建立整合工作觀與人生觀的職業生涯。本書極力推薦設計思考，因為不會有工作版的白馬王子來救我們。所謂的世上有一份現成的夢幻工作，只等著你找到它，這不過是童話故事。

　　我們只能靠設計生命的方法，自己設計出「真的很棒、與夢幻工作相似度驚人」的工作 —— 只需用設計師的頭腦思考，給自己選項，打造原型，盡量做出最佳決定。

　　以及學著活出那些決定。

9

選擇幸福

前文提過，設計職業路徑與設計生命，需要大量選項與多條理想道路，除此之外，還需要做出好決定的能力，接著自信地活出那些選擇。也就是說，接受自己的選擇，不要懷疑自己。不論各位的起點是什麼，目前處於人生或職業生涯的哪個階段，狀況有多美好或多悲慘，我們願意掏出口袋最後一塊錢跟大家賭，各位目前正在設計的人生，一定有一個目標：

幸福。

誰不想要幸福？我們想要幸福，想要學生幸福，想要各位幸福。

對生命設計來說，幸福的意思是**選擇**幸福。

選擇幸福的意思，不是跟《綠野仙蹤》一樣，敲三下鞋跟，許願前往幸福國度。生命設計的幸福訣竅，不是做出正確選擇，而是學會做好的選擇。

做了所有生命設計的功課，包括發想、打造原型、採取行動，實行了幾個很炫的生命設計計畫，也不保證就會幸福或得償所願。或許你的確會幸福，得到想要的東西，但也有可能不會。這裡之所

以都講「可能」，是因爲幸福與如願以償，和未來風險無關，和未知數無關，和是否選了正確的計畫無關；重點是選擇的方式，以及一旦下決定後，如何活出選擇。糟糕的選擇，可能毀掉先前所有努力。所謂的糟糕，不是做了錯誤的選擇（選擇錯誤的確有風險，不過坦白講，問題不大，而且通常有辦法彌補），而是對自己的選擇抱持錯誤的想法。若要有幸福快樂的結局，一定得採取良好、有益、聰明的生命設計選擇流程。許多人做選擇時，無視於自己最重要的想法，以至於做完選擇後無法幸福。這種事隨處可見，研究也顯示，「選擇」是極度關鍵的設計步驟，許多人做選擇的方式，讓自己有了不快樂的結局。

無效的想法：做出正確選擇，才會幸福。

重擬問題：選擇沒有正不正確可言──重點是用好方法做選擇。

　　反過來講，用好的方式做選擇，幾乎能保證日子幸福快樂，有更多選項、更美好的未來。

生命設計的選擇流程

　　生命設計的選擇流程有四步驟，第一步驟是**蒐集與創造選項**，接著**篩選**出前幾名，再來是**選擇**的時刻，很重要的是你得……爲那

個選擇**傷透腦筋**，思考自己是否做對了。最好花無數小時、無數天、無數個月，甚至數十年苦惱。

開玩笑啦。有的人花了數年歲月煩惱當初是不是該怎樣才對，然而這是在浪費時間。我們當然不會鼓勵大家鑽牛角尖，東想西想絕不是生命設計流程的第四步驟。

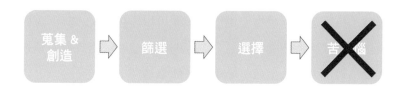

流程的第四步驟是**放掉**不必要的選項，接著**前進**。既然做了選擇，就好好活出那項選擇。

首先，帶大家瞭解選擇的每一個步驟，找出「好選擇」與「壞選擇」之間的重大差異。好選擇可以帶來幸福美滿的結果，以及更多的未來展望。壞選擇則註定帶來不快樂的體驗。

步驟 1：蒐集與創造選項

本書一直在談蒐集與創造選項。深入瞭解自己，探索進入世界的選項，打造原型體驗，靠著生命設計流程，得出各式各樣的點子、計畫，以及可以想辦法努力的選項（所有選項都要試一試，帶著好奇心，尋求「潛藏的美好」，坐在原地苦思，還不如起身而行）。這裡就不再重述如何給自己選項，大家可以復習前文，寫下工作觀與人生觀、畫出心智圖、擬定三個不同的奧德賽計畫，做原型對話與體驗。以上方法適用於生命中所有的領域。

步驟 2：篩選清單

有的人感到選項不足，或是根本沒有選擇的餘地。有的人則跟多數設計師一樣，覺得選項太多。萬一缺乏選項，請回頭復習前文給過的所有建議（步驟 1），花必要的時間醞釀更多點子與選項。或許你得耗上數週或數個月，才得出真正喜歡的清單。這沒關係，我們可是在設計生命，這種事不是一朝一夕就能解決。

好，有了大量選項，各位大概會開始煩惱要如何選擇。自己有一堆點子，別人也給了很多建議，人生有各式各樣可以做的事……感覺選項太多，無從挑起，或是無法信心滿滿地做出選擇。你開始覺得，一定是哪裡弄錯，「功課」做得不夠多，不夠瞭解選項，才

會這樣。「要是有更理想的資訊，進一步釐清選項，就會知道該選哪一個」，於是又做了更多研究、更多訪談、更多原型，結果還是行不通。行不通的原因在於，雖然資訊不足有時是大問題，但通常不是主要問題。多數人在即將做重大選擇時，大都已經做過功課。或許不是每件事都一清二楚，但問題不在那（做功課會讓人更加感到自己的不足，更知道多做功課是好事）。各位如果跟多數人一樣，選擇流程卡住了，不是掌握多少資訊的問題——問題出在選擇清單有多長，以及如何處理那些選項。看看買果醬現象就知道。

哥倫比亞商學院（Columbia Business School）的席娜・艾顏嘉教授（Sheena Iyengar）是研究決策的心理經濟學者。她在雜貨店用獨家果醬，做了著名的「果醬實驗」。其中一週，研究人員在店內擺出桌子，展示六種獨家果醬（各種時髦口味，例如奇異果柳橙、草莓薰衣草等等）。接著觀察購物者的行為——有的人會停下腳步看果醬，停下來的人，有的真的會買。第一週擺出六種果醬時，有四成購物者停下腳步查看，其中大約三分之一的人掏錢，也就是一三％左右的購物者。

幾星期後，在同一家店、同樣時間，研究人員帶著二十四種果醬回來做實驗。這次有六成的購物者停下腳步，比六種果醬高五成！然而，擺出二十四種果醬時，只有三％的購物者會掏錢購買。

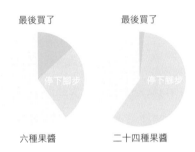

最後買了　　　　　　　最後買了

六種果醬　　　　　　　二十四種果醬

這項研究告訴我們什麼事？第一，人們**熱愛**有選擇（「哇！二十四種果醬？！來看看！！」）。第二，選擇太多時，我們的腦筋卻轉不過來（「唔……這麼多種……好難決定；買起司好了」）。事實上，多數人只有辦法在三到五種選項中，有效地做出選擇。一旦超過，選擇能力便開始下降——要是超過太多，會完全無法做選擇。人類的大腦就是這樣。我們受豐富的選項吸引，現代文化幾乎可說是膜拜選項。取得大量選項！保持開放選項！不要被限制住！我們每天都聽到這種論點，聽起來有道理，然而選項過多也不是好事。今日只要搜尋網路，在 Google 花不到一秒鐘，全球五花八門的點子和活動就會出現在眼前，我們許多人都染上了選擇太多的流行病。

關鍵在於重擬我們對於選項的看法。選項太多，其實等同沒選

項。如果在充滿可能性的清單前動彈不得，實際上跟毫無選擇是一樣的。記住，選項只有在選中、實現後，才會在生命中創造出價值。我們經常告訴學生，選項要變成選擇。有二十四種果醬選項，等同毫無選項。一旦明白就做選擇來說，二十四等於零（真的很難相信這一點，畢竟我們熱愛我們的選項，耗費很大的工夫才找出它們），就能採取下一步驟：篩選。

選項太多時，究竟該怎麼辦？很簡單，去掉其中一些。首先，如果很多選項其實可以歸成幾類，那就把原本的清單，整理成項目較少的子清單。或許這樣一來，就能從每一個類別，找出心中的前幾志願。不過，最終還是會碰上選項太多、做不了選擇、必須丟棄大量果醬的下場。該怎麼做？答案是畫掉就對了。

如果名單上有十二個選項，那就畫掉七個，重抄一遍剩下的五個，接著進入步驟三。

大部分的學生和客戶聽到這種說法都會嚇壞。

「不能就這樣隨便畫掉！」

「萬一畫錯怎麼辦？」

我們懂，真的懂，但我們不是在開玩笑──畫掉就對了。記住，選項太多，等於沒選項，所以毫無損失，而且不可能畫錯。這叫「披薩－中國菜效應」（Pizza-Chinese Effect）。大家都有過那種經驗。辦公室同事艾德探過頭來問：「嘿，寶拉，我們要去吃午餐，要一起來嗎？」

「好啊！」

「我們在想要吃披薩還是中國菜。妳比較想吃哪一種？」

「沒想法耶，什麼都好！」

「OK，那吃披薩好了。」

「等等，我想吃中國菜！」

在那樣的情境下，你給出第一個答案時（「什麼都好」），還以為自己真的都沒關係，直到不想要的決定變成既成事實，才知道自己其實有所偏好。只有在做了決定之後，才會發現自己的偏好。因此，我們篩選清單選項時，不可能錯過任何事。如果畫錯，晚一點會知道畫錯，甚至可能十二個選項已經畫掉七個，重抄剩下五個選項時，才覺得不對，這不是我要的選項。如果選項不對，你會知道的。請相信我們，真的可以相信自己。就算只剩五個選項，依舊選不出來，那就看看是以下兩種原因的哪一種。最常見的原因，是你依舊忘不了被畫掉的那七個選項，不肯放手。如果是這個原因，那就盡一切的可能縮短清單。燒掉那張畫掉七個選項的清單，把整件事忘掉別管，放個一、兩天後，再回到只有五個選項的清單，假裝那不是**篩選**過後的結果，從頭到尾就只有**那張**清單而已。反正一定要放手就對了。不過，如果你無法依據五個選項的清單行動，是因為真的無法決定偏好程度，或找不出五個選項之間究竟有什麼不同，那麼你贏了！你手上完全是不可能輸的牌。對你來說，五個選項都一樣，都具備關鍵意義，也都行得通。此時可以依據次要考量

來選（這個比較好做、這個 logo 很酷、這個故事在雞尾酒會上聽起來比較厲害）。

重點是離開雜貨店時，手上要有果醬。

步驟 3：靠判斷力做選擇

好了，已經做完蒐集與篩選的初步工作（沒錯，真的要先蒐集大量選項，就算選項太多也一樣，這樣一來才算在篩選最佳名單）。接下來是困難的部分：真正做出選擇。

要做出適當的選擇，首先得瞭解人類大腦是如何處理選擇。好的選擇來自哪裡？我們又是如何知道什麼是好選擇？我們活在幸運的年代，大腦研究史無前例地蓬勃發展，我們正深入瞭解人類學習、記憶與做決定的方法。一九九○年，約翰・梅爾（John Mayer）與彼得・沙洛維（Peter Salovey）寫下影響巨大、介紹 EQ（emotional intelligence，情商）概念的學術論文，提出如果要成功快樂，EQ 和衡量認知智力（cognitive intelligence）的 IQ 一樣重要。在許多情境下，EQ 甚至比 IQ 重要。[1] 一九九五年，《紐約時報》（*New York Times*）科普作家丹尼爾・高曼（Dan Goleman）在《EQ》（*Emotional Intelligence*）一書中推廣兩人的學說，EQ 就此深入一般文化。[2] 每個人都聽過 EQ，重視 EQ，不過很少人完全瞭解，學習相關概念並獲得好處的人更是少。

　　大腦基底核（basal ganglia）協助我們做出最佳決策。基底核是古老大腦的一部分，與語言中樞沒有連結，不是靠語言溝通，而是靠感受與直覺。高曼把引導大腦做決策的記憶，稱為「情緒智慧」（wisdom of the emotions），意思是指生活中成功與不成功的體驗的集合，以及我們評估決策的依據。智慧來自情緒（感受）與直覺（身體的直覺反應），也因此，要做出明智的決定，我們需要明白自己的感受，以及對不同選項的直覺反應。

　　還記得我們無法做決定的第一反應嗎？我還需要更多資訊！不過，這下子我們知道，那恰恰是沒必要的東西。雜訊太多的大腦試圖讓我們做出好的選擇時，不斷跟我們說話，反而妨礙我們連結做決定需要的內在直覺感受。掌握優良資訊很重要——要做很多功課，寫很多筆記，整理很多試算表，做很多比較，和很多專家談話等等。然而，那一堆事做完之後（由大腦負責編碼、羅列、分類等管控功能的前額葉皮質主持），我們需要透過智慧中樞，靠著充分的情緒覺察，辨別較佳的決定。

　　判斷力是指運用一種以上「知」的方式做出決定。我們主要運用「認知之知」（cognitive knowing），即理智、客觀、有組織、與資訊有關的「知」，也是可以讓人在學校拿 A 的「知」。然而，人類還有其他「知」的形式（ways of knowing），包括直覺、性靈、情緒等與情感有關的方面。另外，再加上社交之「知」（social knowing，認識他人）及運動之「知」（kinesthetic knowing，認識

自己的身體）。戴夫有一個厲害的治療師朋友，每次即將與客戶討論重要議題時，左膝都會開始疼痛。她不曉得爲什麼是左膝，但經過多年的觀照練習後，她開始相信左膝告訴自己的事，學會聆聽自己的膝蓋，靠著覺察力做出更好的決定，也更能服務自己的客戶。

步驟三的關鍵是應用一種以上「知」的形式，做出具備洞察力的決定，尤其是避免單單運用認知上的判斷。認知判斷運用了資訊，但這還不夠。我們不建議光靠情緒做決策。大家都見過感情用事的例子（不過那種例子通常是衝動的情緒，非常不一樣），這裡不是要大家不用大腦，改用心或直覺，而是鼓勵整合所有的決策能力，留出空間，讓情緒與直覺方面的「知」在決策過程中浮出水面。

換句話說，別忘了聽膝蓋說話，聽直覺說話，聽心說話。

要聽見那些東西說話，就得訓練自己察覺情緒／直覺／性靈形式的「知」（共通人性中的情感面向）。數世紀以來，培養這種能力最常見的方法是各式的個人修行，包括寫日誌、祈禱、性靈練習、冥想，以及綜合性的體能活動，如瑜伽、太極等等。

本書的篇幅不足以教大家找出適合自己的練習，我們也不是這方面的專家，不過我們鼓勵大家試試看。修身養性的活動能帶來判斷好選擇的智慧，背後原因與洞察力的本質有關。情緒、直覺與性靈形式的「知」，通常隱而不顯、無聲，甚至害羞到躲起來。人們很少能在最後期限來臨前，靠著忙碌幾小時，一直講話或是上網，取得內心最深的智慧。得慢慢來，靜靜地來。練習就是練習，需要

定期去做，每個月挪出時間。平日不忙，沒有上場壓力，可以單純專注於練習、取得力量與平衡，尤其是練習的好機會。壓力過大、太多事要做的延長賽時間，並非練習的時刻。做決定是壓力很大的一件事，所以做「好的決定」的最佳準備時機，其實是不需要做決定的時刻。請在那樣的時刻，花點心力培養 EQ 與心靈成熟度，好好鍛鍊相關肌肉，等到真的要上場做決定時，才會擁有訓練有素的強大肌力。

　　替步驟三做準備的最佳時機，是做選擇前的幾個月或幾年。也就是說，最好的時機就是現在——今天就是開始努力的吉日。

　　各位可以嘗試一種強調情緒智慧的特殊技巧「心領神會」（grokking）。

心領神會

　　科幻作家羅伯特・海萊恩（Robert Heinlein）一九六〇年代的經典作品《異鄉異客》（*Stranger in a Strange Land*），虛構出「心領神會」（grok）這個詞彙，用以形容火星人的理解方式，意思是深入而全面地瞭解某件事，感覺自己彷彿變成那件事。由於水資源稀少，火星人無法明白「水」或「飲水」的概念，靠的是心領神會。今日「心領神會」這個小說詞彙已經進入日常文化，英文說「我心領神會」（I grok that）的意思，類似於「我懂」（I get that），而

且是進階版的「懂」。

　　篩選出適當的選項，靠認知能力評估了相關議題，也藉由情緒與冥想方式考量過可能性之後，終於來到做決定的時刻，此時是「心領神會」的好時機。「心領神會」某個選擇的方法不是去想它，而是變成它。假設現在有三種選擇，那就任選一個，在接下來一到三天，想像自己挑選了「選項A」，選項A成為事實。早上刷牙時，以A選項的方式刷牙。停下來等紅燈時，是在等著前往選項A中相關的目的地。要不要告訴別人這件事都可以，例如：「太棒了，我五月要搬去北京！」——如果我們這樣說，但後來沒選A，大家會弄不清楚發生什麼事。不過，各位懂這裡的意思：腦海裡的你，**活在「選項A」的平行現實之中**。不要從目前的現實去想「選項A」，靠想破頭去做出選擇，而是氣定神閒，活得像是已經選擇了A。一到三天後（天數由自己決定，看你喜歡多久），至少有一、兩天回到原本的自己，重置一下，接著用「選項B」做同樣的事，然後休息重置，做「選項C」。最後再休息重置一遍，仔細回想相關的體驗，找出自己最想成為什麼樣的人。這個方法不保證有效（天底下沒有萬無一失的辦法），不過這項練習的目的是允許情緒、性靈、社交、直覺等不同形式的「知」浮現出來，以彌補評估性的認知之「知」；如果各位和多數人一樣，認知之「知」會是最主要的思考形式與決策依據。

步驟 4：苦惱不已／放手往前走

　　以下介紹「放手」這個步驟前，一定得先解釋一下，為什麼第四步驟不是「苦惱」。所謂的苦惱像這樣：

　　「我是否做了正確的事？」

　　「我確定這真的是最佳選擇嗎？」

　　「如果當初做了選擇四，不曉得會怎麼樣？」

　　「不曉得能不能從頭再來一遍？」

　　如果各位聽不懂我們在說什麼，真是太幸運了。請感謝父母給了自己好的腦化學 DNA，跳過下面這一節。不過，如果你跟多數人一樣，以上問題便是老朋友。每當我們宣布：「最後一個步驟是⋯⋯想東想西，對自己的決定感到不確定！」底下總會發出一遍呻吟，顯然大家在做決定時，都有過這種共同的經驗。我們愛鑽牛角尖，因為我們在乎自己的人生，也在乎他人的人生。做了決定之後，的確會造成影響，我們盡全力給未來最好的機會，希望做明智的決定，但是這自然不可能立刻知曉：世上的未知數太多，沒人能準確預測未來。因此要如何避免做決定後還猶豫不決？

　　如何做好決定的觀念，和做哪個決定一樣重要。要對決定感到滿意，最簡單的辦法似乎就是做出最佳選擇。然而，這種事不可能做到，因為要等到所有結果都出爐後，才會見真章。我們可以依據當下可掌握的事，努力做出最佳選擇，但目標如果是「做最佳選

擇」，則不可能知道是否成功。由於不可能知道，我們會一直執著於自己是否做了對的事，一直想當初沒做的選擇，這就是所謂的苦惱不已。這種心中的反反覆覆，會讓人不滿於已經下的決定，無法積極活出已做的選擇。

哈佛大學的丹‧吉伯特（Dan Gilbert）做過實驗，人們決定莫內不同畫作的方式，證實了**放手**的作用。[3] 吉伯特請受試者依據喜好，幫幾張莫內畫作排出一到五名，接著又說排名第三與第四的畫作，實驗室恰巧有多出的複製畫，可以帶回家當禮物。不用說，多數人都選心中的第三名。接下來是實驗的重點。實驗人員告訴其中一組受試者，如果事後後悔，可以換一張；另一組則被告知，今天帶哪張回家，就是哪張，沒得換。

幾週後，實驗人員聯絡受試者。被告知可以換畫的人（即使沒換），他們對自己的選擇滿意的程度，不如選了相同的畫、但被告知不能再換的人。可以朝三暮四，並不會讓我們「滿意自己的決定」。顯然光是能夠「保持開放的選項」，重新考慮，就足以讓我們懷疑、看輕自己的選擇。

等等……還有更雪上加霜的事。研究人員貝瑞‧史瓦茲（Barry Schwartz）在他的著作《只想買條牛仔褲：選擇的弔詭》（*The Paradox of Choice*）說，大腦處理決定時，還會以更多的方式折磨自己。[4] 當我們面對眾多的選項，或光是想到還有其他許多未知的選項，就會對自己的選擇感到更不快樂。問題不只出在有過、但沒

去執行的選項（那些我們「保持開放」的選項），就連我們從來沒時間找出的大量選項，也會帶來問題。只要想到世上有無數美好的可能，卻從來沒機會碰上，就會不滿意自己的決定；儘管我們根本不曉得那些可能性是什麼，**外頭一定還有更好的選項，而我們錯過了**。在全球化的網路年代，世上永遠有成千上萬的選項，也因此，今日我們不滿意自己選擇的能力，遠超過史上所有世代。

恭喜我們！

關鍵在於記住我們想像中的選擇，其實並不存在，理由是它們是無法執行的選擇。我們不能活在幻想中的世界，要努力設計出可行的真實生命。如果累死自己，要自己弄清決定的每一個細節，找出所有可能的選項（如果目標是做「最佳選擇」，當然得找出所有選項），我們將永遠無法做出決定。我們知道生命設計有無數的可能性，但不能讓自己陷入無數可能性之中。開心探索過幾種可能之後，**就該從做決定開始，著手行動**。採取行動後，才有可能開拓前方的道路。因此，讓自己擅長打造未來的方法，就是擅長放開再也不需要的選項。（再說，各位讀到這裡，應該清楚瞭解，就如同今日所擁有的選項，未來也會有更多的選項。）放手是選擇幸福的關鍵，也是滿意自己的選擇的關鍵。

有疑慮的時候……就放手，繼續往前走。

真的就是那麼簡單。

我們不是要大家假裝，當初沒選的路都不存在。我們可能半途

發現其他事，決定回頭修正路線。這裡要說的是，我們可以用更聰明的方式前進，大幅提升執行選擇的成功率，一路走向幸福美滿。

　　請幫自己一個忙，給自己大量選項，接著篩選到能處理的數量（最多五個）。接下來，依據時間與資源多寡，盡量做出最佳選擇，然後開始執行，一路往前走。只要不斷打造原型，風險就不會過高，可以視情況調整，最後才完全跳下去做。此外，一旦做了選擇，就要愛你的選擇，堅持你的選擇。開始鑽牛角尖、胡思亂想的時候，請拋開那些念頭，盡全力活出自己的選擇。當然，一路上還是要留心路況，不斷學習，但眼睛不要盯著後照鏡，不斷懊悔先前所做的決定。

　　能否放手，主要看個人紀律。請把重擬的決策概念放在手邊，每當自己又想重來、東想西想時，一定要贏得這種內心的爭辯。請準備好啦啦隊，讓自己堅持下去——尋找一起做生命設計的合作對象或團隊，提醒自己當初為什麼做了那個選擇；在日誌上寫下決定的過程，彷徨時再讀一遍。請想出各種辦法，讓自己樂在自己的決定中。

無效的想法：什麼都有才叫幸福。

重擬問題：幸福是放掉不需要的東西。

靠緊握來放手

安迪是優秀的醫學預科生，只不過他不把自己看成醫學預科生，而是「未來的公共衛生人士」或「未來的醫療科技創業家」。安迪對自己的未來，主要有兩種想法、一個備案，三個計畫都與一個龐大的使命有關：他要改革健康照護體系。

安迪知道，如果要讓健康照護不拖垮經濟，不是富人也能取得醫療服務，需要一場著重預防性照護與健康管理的重大改革。安迪認為他有兩條路可以走，以最有效的方式帶來影響。一，他可以成為深具影響力的健康照護公共政策顧問。二，成為醫療科技創業者。雖然安迪的朋友圈已經不流行到政府與公部門任職，安迪知道如果要帶來深層的改變，依舊得仰賴有實權調整健康照護政策的人士。另一條路是投入正在蓬勃發展的醫療科技，新科技促成行為改變、產生重大影響的速度可能更快，因為那是市場的步調，而非政治的步調。

安迪的備案是「只當醫生就好」。美國社會尊敬醫生這個崇高職業，安迪出生的亞裔家族更不用說，「只當醫生就好」聽起來令人啞然失笑——不過安迪心中的確是那麼想的。他不是小看醫生這一行，只是很誠實。萬一他無法找到辦法帶來廣泛的社會影響，必須縮小目標時，醫生是他給自己的備案。在他看來，醫生執業時，一定可以影響個人，甚至在地區醫院或地方上發揮影響力。或許他

執業時，可以示範更好的健康照護方式。

　　該選哪條路？對安迪來講很好選。他深信從政策著手，影響力最大也最有趣，因此他會選政策那條路，難則是難在該怎麼做。大學畢業後，應該直接念公共衛生碩士（M.P.H.），接著直接到華盛頓？或者該念醫學院，先取得醫學博士學位（M.D.），再接著念公衛碩士？安迪知道，醫界文化尊崇醫學博士，醫學博士提出的醫療相關建議，分量遠勝過非醫學博士說的話。安迪不認為取得醫學博士學位，就會讓自己變成更聰明或更有效的政策制定者，但他真心想帶來不同，願意花八到十年增加自己的公信力（四年取得醫學博士學位，四到六年從擔任住院醫師到取得執照）。

　　對安迪來講，這個決定太難。等上十年才開始做想做的事，感覺好久。

　　安迪想破頭，都找不出讓自己心安的決定。倘若現在就念公衛碩士，現在就出發，心裡會想：「可是……萬一人們不重視我說的話，搶先起步也沒用！」然而，一旦決定還是念醫學院好了，又會想：「可是……十年要等好久──誰知道十年後會發生什麼事？」安迪的思緒不停地在原地繞圈，大腦好像卡在倉鼠轉輪上，整晚一直嘎吱作響。

　　安迪放棄苦思，改成「心領神會」，發現「念醫學院的安迪」，感覺比「只念過公共政策學院的安迪」理想。他假裝自己以後要當醫生、四處走來走去時，「念醫學院的安迪」擔心要先花十年準備，

但接著又轉念：「沒錯，十年的確很長，但我真心希望改變醫療照護。我選這條路，代表我正在做**能做的每一件事**，盡一切努力做好準備。十年後，醫療問題依舊會很龐大，我不可能錯過。如果不盡最大的努力，我會無法原諒自己。」相較之下，「只念過公共政策學院的安迪」，碰上「萬一沒人要聽非醫學博士出身的人說的話」，該怎麼辦？他想不出好答案，只能鬱鬱寡歡。

安迪因此決定去念醫學院，花十年光陰，成為取得執照的醫學博士，幾乎只為了在未來成為更可信的政策制定者。OK，做出選擇了，可以收工了，對吧？

錯。

安迪還是必須執行步驟四——放手，然後往前走。安迪很快就明白，為什麼步驟四會取這個名字。放手的祕訣是往前走。光是放手太難了——有的人會說，放手是不可能的事。舉例來說，現在請各位什麼都可以想，**就是不能想著藍色的馬**。不管怎麼做都好，絕對不要想到藍色的馬，眼前不要出現藍色的馬。沒有藍色的斑點馬、藍色獨角獸，也沒有披著紅白條紋馬鞍、尾巴上有粉紅緞帶的藍色迷你馬。

請在接下來六十秒，不要看到藍色的馬。

好了，成功了嗎？如果各位和我們碰過的每個人一樣，那你眼前反而會有藍色的馬跑來跑去。放手的問題就像這樣——放手是什麼都不做，而大腦討厭不作為，就跟大自然討厭真空是一樣的。因

此，放手的關鍵是往前走，抓住其他東西，把注意力**放在**某件事情上，而不是什麼**都不關注**。

安迪要如何放掉讓自己胡思亂想的憂慮，不再擔心浪費十年生命？他要如何放掉念公衛碩士只需兩年、接著就能優游於國會殿堂、成為炙手可熱的政策新星的所有念頭？安迪知道不再糾結的辦法，就是單刀直入，問自己：「我怎樣可以前進，踏上成為醫生的道路？」

安迪那麼做之後，發現成為「醫學院安迪」的選項，給了自己現成的備案——成為醫生。他知道醫學院學生在受訓的頭幾年，已經在從事醫療工作，而擔任住院醫師的那幾年，都在做臨床工作。哪一種專科會對健康醫療政策比較有幫助？哪幾間醫學院最能上達華府天聽，而且也附設公衛碩士課程？哪一種照護機構能教他最多東西：地方診所？大型醫院？小城鎮？大城市？安迪開始認真研究醫療訓練能帶來的東西，該如何善加利用，進而得到大量的點子，以及大量要找出答案的有趣問題。安迪藉著想像自己往前走，讓大腦放手，同時想出以醫學院學生與住院醫師的身分，進行原型對話與原型體驗的各式方法。

安迪成為醫界耀眼的明日之星。

別再跑倉鼠轉輪

　　設計師不會苦惱。他們不會想著要是選擇別條路會怎麼樣，也不在原地繞圈圈，更不會因爲懊悔當初，浪費自己的未來。生命設計師會在他們目前正在打造、活出的生命中冒險。這就是選擇幸福的方法。

　　說眞的，難道還有其他選擇嗎？

10

對失敗免疫

想像一下，世上有一種疫苗，打下去就一輩子不會失敗。只要那麼小小一針，一生就會完全照著計畫走——一帆風順，不斷闖關晉級，要多成功，就有多成功。一輩子都不會失敗，聽起來還不錯吧？不會失望，不會挫折，不會遇上麻煩，不會失去，不會哀傷。對多數人而言，這種生活方式滿好的。沒人喜歡失敗，失敗令人沮喪——胃會很不舒服，胸前好像被什麼東西重擊一樣。

誰不想打一針，從此對失敗免疫？

很可惜，世上沒這種疫苗，人不可能一輩子不失敗，不過的確可能對失敗免疫。對失敗免疫的意思，不是避免事情不照著期望走，而是避開多數失敗帶來的負面情緒；負面情緒是生命不必要的重擔。各位如果運用前文探討的概念與工具，將可降低所謂的失敗率。當然降低失敗率很好，但我們想要更好的東西。我們想對失敗免疫。

目前為止，我們已經運用大量工具，試著設計出值得活的生命。我們利用了好奇心態，走進人群認識有趣的人士，積極與親朋好友合作，打造出有意義的原型，與這個世界互動。在這場生命設

計旅程中，我們讓自己轉換成積極行動的心態，每當心中出現疑慮，就知道是該**做點什麼**的時候了。

一路上，各位發展出安潔拉・達克沃斯（Angela Duckworth）等正向心理學家所說的不屈不撓或膽量（grit）。[1] 達克沃斯的膽量與自我控制研究顯示，膽量是比 IQ 還理想的成功預測指標。對失敗免疫，能讓人有足夠的膽量。

我們必須把自己想成有好奇心、積極行動的生命設計師，擬定原型，一路打造「通往前方的未來之路」。不過，我們用這種方法設計生命時，失敗不可免。事實上，「因設計而失敗」的次數，會多過其他任何方法。因此，這裡必須先說明「失敗」在過程中代表的意義，以及對失敗免疫的方法。

我們在人生旅途上，極度害怕失敗。這種恐懼似乎與大眾如何定義「好的人生」與「壞的人生」有關。她是**成功人士**（哇，好的人生！），他是**失敗者**（唉，壞的人生！）。如果生命是這樣定義，沒人想要失敗。我們想像自己死的時候，會有判官（或某種想像出來的生命審查委員會）決定我們這輩子究竟是成功、還是失敗。

幸好，要是生命是自己設計的，就不可能失敗。你的確可能碰上未達成目標的原型與體驗（它們「失敗了」），不過別忘了，原型與體驗的用途，原本就是讓自己學習。一旦成為生命設計師，活在持續發生的生命設計創意流程中，就不可能失敗；你只可能不斷進步，從不同的體驗中學到東西。失敗也好，成功也罷，都是學習

的機會。

無止境的失敗

　　相信各位現在已經知道，利用原型設計生命，是靠著（在風險小的小型學習體驗）多失敗幾次，（在重大事物上）快速成功的好方法。一旦完成數次原型反覆循環，就能透過其他人可能稱為「失敗」的原型體驗，享受學習過程。舉例來說，就在選修人數眾多的設計生命課程開學的前一天，戴夫替第一天的教學練習做了重大修改。他想到一個點子，很想試試看，甚至來不及告訴比爾；比爾和學生在同一時間聽說這個消息。戴夫公布（以前不曾試過的）練習，學生開始做，比爾走過去告訴戴夫：「太棒了！我喜歡你願意在整整八十位學生面前出糗！我根本不知道這個練習會不會成功，但你在試做原型。這點非常好！」戴夫和比爾因為全心全意相信生命設計流程，根本不曾討論上課的**正確方式**。各位掌握了設計思考的方法後，對一切事物的想法都會改變。

　　這是對失敗免疫的第一階段——積極行動，趁早失敗，深信失敗為成功之母之後，失敗的痛就會消失（還有當然，快速失敗，快速改善，也能讓人學到東西）。對了，那堂課的練習非常順利，不過我們後來決定還是算了，繼續採用舊版本，因為比較有效率。這也是一種成功！

　　對失敗免疫還有一種更高的層次，叫「對大型失敗免疫」，那種免疫力源自一項重大的設計思考觀念重擬。準備好了嗎？活著其實就是在不斷設計生命，因為生命是一段過程，不是單一結果。

　　如果各位能懂得這一點，人生就萬變不離其宗。

無效的想法：以結果論英雄。

重擬問題：生命是一段過程，而非結果。

　　我們永遠在從「現在」進入「未來」，也因此永遠在變。每一個改變都會帶來新的設計。生命不是一個結果，比較像一支舞。生命設計只是一套很棒的舞步。生命永遠不會完工（直到死亡降臨），生命設計也沒有完工的一天（直到你罷手）。

　　哲學家詹姆斯・卡斯（James Carse）寫過一本有趣的書，叫《有限與無限的遊戲》（*Finite and Infinite Games*）。[2] 卡斯說，我們生命中做的每一件事，幾乎都是有限或無限的遊戲。如果是有限的遊戲，我們會**照規則走**，以求獲勝。如果是無限的遊戲，我們會為了享受一直玩下去的樂趣，而**實驗規則**。化學拿 A 是有限的遊戲。學習世界由什麼組成、自己要如何在世上安身立命，則是無限的遊戲。指導兒子贏得拼字比賽是有限的遊戲。讓兒子相信你無條件愛

他,則是無限的遊戲。生命同時充滿有限與無限的遊戲。(「遊戲」二字,不帶有「不重要」或「幼稚」的意涵。這裡所說的「遊戲」,只是我們如何在世上採取行動,以及我們多重視自己的行動。)每個人隨時隨地都在玩有限和無限的遊戲,沒有哪種遊戲比較好。棒球是很好的遊戲,但要有規則、贏家和輸家,才玩得下去。愛是無限的遊戲——要是玩得好,就能持續下去,每個人都參與才能長長久久。

這一切和生命設計有何關聯?那就是:當你記住,你永遠在玩活出自己的無限遊戲,努力設計生命,向世界呈現你的美好,你不可能失敗。抱持無限遊戲的心態時,不僅能減少失敗率,還能真正對失敗免疫。當然,你仍然會感到痛苦、失落、遭遇重大挫折,但那不會減損你身為一個人的價值。體驗挫折不代表你的生命「失敗」了,你永遠可以再站起來。

「所是」與「所做」

幾千年來,人類一直在努力平衡自己究竟是**所是**(human *beings*,東方文化比較流行),還是**所做**(human *doings*,西方文化比較常見)。「所是」或「所做」?要追求真正的、內在的我,還是忙碌、成功、外在的我?究竟是哪一個?生命設計認為這是偽二分法。生命是永遠不可能「解決」的棘手問題,只需打造通往前

方的道路，讓自己愈來愈能好好活著就可以了。我們認為，用底下這個圖來想生命流程，是比較理想的思考方式：

設計生命時，我們先從自己是誰開始（本書第一、二、三章），提出許多點子（而不是一直等、一直等，等到百年難得一見的點子出現），接著試著做做看（第四、五、六章），然後做出最佳選擇（第八章）。過程中（包括做出會讓自己踏上某條人生道路數年的選擇），相關體驗會培養、運用到你的人格和身分認同，進而讓各面向開始發展——你會更成為你自己。如此一來，你開啟了十分有效的成長循環，自然而然從「是一個人」（being），變成「做一個人」（doing），再來是「成為一個人」（becoming）。接著再次循環，「更接近你的你」（你的新的所是〔being〕），開始做（doing）下一階段的事，如此無限循環。

若擁有正確心態，生命的每一章——不論是大獲全勝，還是痛苦又失望——都能持續推動成長循環。用這樣的觀點去看事情、體驗事情，就永遠能在這場「在世上找尋並參與自身生命」的無限遊戲中獲勝。

上述的心態，是失敗免疫疫苗的重要成分。

無效的想法：生命是有限的遊戲，有贏家，有輸家。
重擬問題：生命是無限的遊戲，沒有贏家，沒有輸家。

　　讀到這兒，各位可能在想，聽起來是有道理沒錯，但真實人生才沒那麼簡單。我們的確相信（我們在別人身上見到實例，自己也努力實行），你真的可能重擬失敗，昇華挫折，活出更幸福美滿的生命。這不僅是本書重新整理的正向思考，也是生命設計不可或缺的工具。

　　失敗只不過是成功的素材。每個人都可能搞砸；我們都有弱點；都經歷過「生長痛」的時刻。我們至少都有一個化失敗為成功的人生故事，重擬某次失敗，改變觀點，讓那次的失敗成為人生中最美好的事。

　　我們也都有救贖的故事。什麼都計畫得好好的、從來不會有驚喜、不會有挑戰、也不會有測試的生命，是完美的無聊生命。那是設計不良的生命。

　　請接受自己的缺陷、弱點、重大失敗，以及所有無力掌控的事。正因為有種種不完美，生命才值得活、才值得設計。

這件事問里德就知道。

贏了，輸了，又贏了

里德一直很想擔任學校幹部，小學五年級就開始參選。第一次輸了，六年級再選一遍，又輸了。每一年，里德都參選，還常一年選兩次，每次都落選。到了十一年級尾聲，什麼幹部都選過了，一連落馬十三次。到了高中最後一年，他決定再選一遍——這次要選畢業班學生主席。

每一年，里德的父母都痛苦地看著兒子失敗。輸了第四遍還是第五遍之後，每次聽見兒子宣布「我要再次參選！」，他們心中都會一驚。但他們很聰明，知道不該勸退兒子，只是默默祈禱兒子會自動放棄，不再傷心難過，因為他們不忍心見到他一遍又一遍跌倒。里德本人倒是無所謂。當然，他討厭輸，但他是不會改變心意的。只要一直選下去，就能從錯誤中學習，有一天就會贏——至少又多學到一點東西。里德認為失敗不過是過程的一部分。每多輸一次，輸的時候就沒那麼痛苦，也因此有辦法一直冒險下去，看看這次的新策略能否成功。屢敗屢戰也讓里德有勇氣嘗試其他事物，像是運動與演戲。他嘗試的事情，大都沒有好結果，但的確有一、兩樣滿成功的。成功時是很高興沒錯，就算失敗也沒關係。一次又一次的失敗，讓里德有辦法集中精力，打最好的選戰。每一次失敗，

他都學到了東西，因此他競選幹部時，從不擔心落選。里德最後終於選上，成為學生主席，興奮到不行，不過故事的重點不是他最後贏了，而是他從沒放棄。

里德沒料到，這人生的一課，後來的影響有多深遠。

從外在種種條件看來，里德二十二歲時終於成為人生勝利組。童子軍、學生會主席、四分衛、常春藤名校、划船團冠軍。大學畢業、取得經濟學學位時，他的人生似乎踏上了康莊大道，之後會是一個又一個的成功等著他。他在一流公司找到工作，新事業的頭幾年十分順利。

里德的工作常得四處跑，到美國中西部出差時，他發現脖子上有一個奇怪腫塊。他趁午休時間到醫院檢查，三天後搭上回家的班機時，醫生證實了他最擔心的事：他罹患何杰金氏病（Hodgkin's disease）。那是一種淋巴癌，一返家他立刻接受化療。

里德的生命設計計畫，不包括二十五歲就得癌症，但這下子癌症成為他人生的一部分。

里德先前一輩子都在處理失敗，這下子相關心得可以派上用場了。他沒多久便接受了現實，把所有力氣花在讓自己好起來，並沒卡在「為什麼是我？」這個問題。此外，他也不認為自己在健康這方面失敗，反而忙著投入另一場戰役——這次他要擊敗的是癌症——善加利用癌症帶來的機會。接下來一年，里德沒有按照計畫，讓經濟顧問的事業更上一層樓，而是忙著接受手術、放射線治

療與化療。此外，他在很年輕的年紀，學到了生命有多脆弱。

　　癌症治療結束、進入緩解期後，里德不曉得接下來該做什麼。其實他有一個點子——有點瘋狂的點子。那只是他的奧德賽計畫裡一個小小的項目，連原型都還沒開始打造：空下一整年去滑雪打工度假。里德很掙扎，他是標準的美國青年才俊，眼看就要大展鴻圖，這種人不會花一年時間閒晃滑雪。

　　不過，里德也不是一般的童子軍。他才剛打完抗癌戰役，儘管他清楚聰明人會回去重建事業，也擔心空白的一年會毀了履歷、毀了人生，但他還是決定要**活出**自己的人生，而不只是**照著計畫走**。

　　里德做決定之前，先和業界人士進行原型對話，他想知道未來經理在找人時會如何看待他這個決定。談過之後，他覺得自己冒得起這個險，而且他想要共事的人，會把他抗癌後的滑雪冒險，視為勇敢行為，而不是不負責任。至於其他人會怎麼想，管他的。重點不是里德「成功打敗癌症」，而是他有辦法在過程中享受對失敗免疫的好處。他有效引導自己的精力，學到日後能派上用場的心得。他把問題變成一場冒險，在逆境中設計出最佳生命，而不是自怨自艾，想著自己為什麼這麼倒楣。

　　里德從五年級開始學習對失敗免疫，這在他日後的人生一直都派上用場。幾年後，他決定爭取自己的夢幻工作——進入職業運動工作，最好是國家美式足球聯盟（NFL）。雖然他在那個領域沒有任何家族人脈，只在大學時代認識一位年輕有為的 NFL 主管，他

透過原型對話，在體育界逐漸建立人脈。里德開始在業界露面找工作，反正最糟的結果不過是被拒絕，但他早已不怕被拒絕，試試又何妨？

里德爭取 NFL 工作失敗後，他就放手，很快開始努力下一個計畫。

一年後，他終於有機會應徵某 NFL 球隊的球員合約談判工作。他打敗數十位有產業經驗的競爭者，進入最後兩名應徵者的決選，然後輸了，沒應徵到那份工作。他心裡真的很痛，但再次快速轉移注意力，努力執行另一個計畫，最後進入一家大公司做財務管理工作。

儘管如此，里德沒有放棄職業球隊的願望。就算先前被拒絕過，他還是繼續打造那個職業生涯的原型，和 NFL 主管保持聯絡，花數百小時建立嶄新的運動分析模型，時不時拿給眾主管看。沒得到工作的人，一般不會做這種事。是的，當初拒絕他的那個 NFL 球隊最後雇用了他，而且比原本應徵的職位還理想。

里德在 NFL 工作了三年左右，才認定職業運動不是自己真正想要的東西——他又「失敗」了。這次他進入一間健康照護新創公司，心裡明白，要是這條路也行不通，下一條路或下下一條路也會成功。

里德現在完全對失敗免疫。失敗還是令他痛苦，但他不會被失敗誤導——他不覺得自己是失敗者，也不會把失敗標籤貼到自己頭

上，甚至不認爲失敗是失敗。失敗和成功一樣，都能學到東西。他
比較喜歡成功，但沒關係，一路失敗，一路向前。

今日不管從哪個角度來看，里德都是人生圓滿、成功的年輕
人。婚姻幸福，有一個剛出生的漂亮女兒，還有討人喜歡的三歲兒
子。里德高大、英俊、健康，和老婆剛買下第一棟房子，在一家前
景看好的新興公司上班，做基因測試與健康照護方面的工作。里德
無疑在享受近日的成功，不過他不把自己看作成功人士，心中滿懷
感激之情。他明白人生感覺有多美好，全看自己的心態，而不是目
前有多成功。

這是他視自己爲人生勝利組的眞正原因。

失敗重擬練習

對失敗免疫這件事，說起來簡單，做起來難。接下來的「失敗
重擬」練習，可以助我們一臂之力。失敗是成功的原料，「失敗重
擬」是把原料轉換爲實際成長的過程。很簡單，只有三步驟：

1. 記錄自己的失敗。
2. 分類失敗。
3. 找出成長心得。

記錄失敗

寫下自己搞砸的事，回顧過去一星期、一個月、一整年，列出你的「史上失敗經典大全」，時間要設多長都可以。如果想養成「化失敗爲成長」的習慣，建議一個月記錄一、兩次，直到養成全新的思考方式爲止。失敗重擬是可以帶來失敗免疫力的好習慣。

分類失敗

把失敗分爲三類後，比較容易看出成長的契機。

失誤（screwup）是指通常會做對的事出現簡單的錯誤。你不是沒辦法做得更好。一般來說都沒問題，所以沒必要從這類錯誤中學習——你只是一時不小心失誤而已。最好的處理辦法就是承認自己搞砸了，道歉，然後往前走。

弱點（weakness）是一直存在的缺點帶來的錯誤。這類型的錯誤反覆出現，你清楚這類錯誤的源頭，它們是老朋友。你大概努力修正過，也有最大程度的改善。雖然試圖避開，依舊不免犯錯。我們不建議過早放棄，接受平庸的表現，只是江山易改，本性難移。當然，各位可以決定要不要繼續努力，但其實有些不足之處是本性的一部分。最佳策略是避開會導致相關錯誤的情境，而不是想辦法改善。

　　成長機會（growth opportunity）是不必發生的錯誤，至少不必發生第二次。這類失敗的源頭找得出來，也有辦法修正。注意力應該放在這類型的錯誤上，其他報酬率不高的錯誤類型，不要花太多時間。

找出成長心得

　　我能否真的改善那些成長機會型的失敗？我可以學到什麼？哪裡出錯（關鍵的失敗因素）？下一次可以改成什麼作法（關鍵的成功因素）？找出下次可以扭轉乾坤的心得，記下來並付諸實行。就這樣而已──很簡單的重擬。

　　戴夫有一張罄竹難書的失敗記錄，以下略舉幾例：

失敗	失誤	弱點	成長機會	心得
遲了一星期才幫麗莎慶生！	X (真的!)			
最後一秒才擬好預算		X		
嚇乔人一跳的電話			X	
百蟻小偷	X ✓ 意外災禍			先察覺問候、確認、談話主題

戴夫居然錯過女兒麗莎（Lisa）的生日，整整晚了一星期才幫她慶祝。戴夫一向記不太住這類事情（弱點），所以平日都寫在日曆上提醒自己。然而，有一年他不小心寫錯星期，本來精心幫女兒設計的一頓生日晚宴，整整晚了七天。戴夫因為人不在家，渾然不覺地過了一星期，完全搞砸，犯下了不可思議的錯誤。他不會再讓這種事發生。另一個糟糕的失誤則是家裡被洗劫一空。有次，他和太太因為要除白蟻，離家三天，結果小偷闖進家中，偷走所有貴重物品。太糟了。他做錯了什麼？他沒請保全看著房子三天。但誰會做這種事？警方說這個案子十分離奇（多數小偷不會為了偷電視，進入噴滿致命煙霧的屋子），而戴夫所有除過白蟻的朋友，也不曾聽說要請保全這種事。雖說這次失敗可以避免，情況實在太罕見，戴夫決定把它當成失誤就好。很重大、很痛苦、代價高昂——但只是失誤而已。

還有一次，戴夫必須（再度）熬夜，隔天才能準時把預算交出去。戴夫是出了名會拖，他有各種解決這個長期毛病的妙招，約有七％的時候會成功。他多數時候有辦法亡羊補牢，其他時候則是接受事實。他幾乎不曾錯過最後期限——只不過得常常熬夜，沒什麼大不了的。顯然他沒有太多可以從這毛病中學習的東西，一直改不了的習慣是一項弱點。

不久前，戴夫和客戶通電話時嚇了一大跳。他打電話過去，提出雙方正在合作的專案碰上的行銷問題，客戶卻突然發飆，大吼大

叫，害他不知所措。原來戴夫沒聽說負責專案的關鍵工程師離職了，所有事情亂成一團。雖然他只是按照預定進度打電話過去，他嘰哩呱啦劈頭就問的行銷問題不再重要，客戶反而氣他浪費她的時間。戴夫不常犯這類錯誤，客戶管理是他的強項，往往一週花數十小時講電話。那麼這次是怎麼一回事？回想起來，他犯的錯是打電話過去後，直接講正事，沒先寒暄一番。戴夫打的每通電話，幾乎都有預定的主題，而且時間抓得很緊。他平日直接講正事的效果很好，不過這次的經驗讓他想起，如果是親自會面，他不會那麼做。

如果是雙方見到面，他會先問候對方，看看自從上次見面之後，有沒有什麼新變化，確認這次要談的主題，接著才開始講正事。戴夫通常會在寒暄時得知重要消息，但他講電話時為了節省時間，已經有一陣子沒先做這件事。跳過寒暄顯然有風險，只不過這次客戶發飆之前，他一直沒碰上問題。戴夫的心得是——就算是講電話，也要快速交換一下近況，確認此次的談話主題。多花幾秒鐘，事情發展就會大不同。

戴夫分析以上五次失敗經驗的時間，比各位閱讀的時間還短。這個練習不難，但收穫很大。如果戴夫不去管那通糟糕的電話，只說：「真是的！那個人是怎樣！」就什麼都沒學到，下次可能還會犯相同的錯誤。同樣地，如果他沒去分析家裡為何被偷，或是自己為什麼搞砸女兒的生日，他會繼續為那些場合懊悔個不停——卻沒有實質作用。

　　小小重擬一下失敗經驗，就能大幅增強對失敗經驗的免疫力。各位可以試一試。

別和現實作對

　　就算得到了夢幻工作，就算過著夢幻生活，衰事還是會發生。設計師太清楚事情不會永遠照著計畫走。我們看清自己是誰，設計好自己的人生，活出自己的生命後，就不可能失敗。這不代表一路上不會跌倒，也不代表某個原型永遠會按照計畫走。不過，一旦明白，沒成功的原型依舊能帶來說明「**此地現況**」（我們的新起點）的寶貴資訊，就能對失敗免疫。碰上阻礙，事情發展不如預期，原型產生意想不到的變化時 —— 生命設計讓我們有辦法將所有的改變、挫折或意外，轉換成個人與職業生活的助力。

　　生命設計師不和現實作對，只會想辦法一路推進。生命設計沒有錯誤的選擇，也沒有懊悔。只是提出原型，有的原型成功，有的失敗。而失敗的原型，有時會帶來最重要的心得，下次就會知道哪裡要不一樣。人生不是一場決勝負的比賽，而是要學習，玩無限的遊戲；用設計師的心態面對人生，我們將永遠好奇接下來會發生什麼事。

　　好了，現在只剩每個人大概都聽過的一個問題：如果不可能失敗，你會做什麼？

牛刀小試
重擬失敗

1. 利用下方的工作表（或到 www.designingyour.life 下載），回顧過去一週（或一個月、一年），記錄自己的失敗。
2. 把失敗分成「失誤」、「弱點」或「成長機會」。
3. 找出成長心得。
4. 一個月做一、兩次這項練習，養成化失敗為成長的習慣。

失敗	失誤	弱點	成長機會	心得

11

建立團隊

優秀的設計之所以優秀，是因爲背後有優秀的團隊讓那個專案、產品或建築成眞。設計師重視同心協力，眞正的創造力來自通力合作。我們要以合作的方式設計生命，與他人產生連結，**團結**的力量永遠勝過**個人**──道理就是那麼簡單。

無效的想法：這是我的人生，我必須自己設計。

重擬問題：活出生命、設計生命的方法是與他人合作。

設計生命是在與他人合作。採取設計思考時，心態會完全不同於「職涯發展」或「策略規畫」，也不同於「人生教練」，關鍵差異在於社群所扮演的角色。如果你是自己精彩的未來唯一的建築師，你想出整個藍圖，英勇地讓夢想成眞──整件事都是你你你。生命設計雖然和你的人生有關，但不是只與你有關──而是與我們有關。沒辦法一個人做生命設計的原因，不是因爲想自己來，但心

有餘而力不足，不得不找幫手。眞正的原因，在於生命設計基本上是一種群體的努力。我們試著探路，努力打造（而非解決）前進的道路時，整個過程得依靠他人的貢獻與參與。我們設計的點子與機會，不會自己跑到眼前，也不會有人送上門來——點子與機會是我們，以及我們在生命中遇到的社群成員，**共同創造出來的**。我們認識、有交集、做原型、講過話的所有人，不管他們本人是否這麼覺得，他們都是設計社群的一分子。其中幾位特別重要的成員，將成爲主要合作者，在我們的生命設計中持續扮演關鍵角色，不過每一個人都很重要。

每一個人。

共同創造是設計不可或缺的一環，也是設計思考能奏效的關鍵原因。你的生命設計不出自你，出自整個世界，你可以和其他人一起在世上尋覓，一同創造生命設計。最後得出的生命點子、可能性、角色與形式，在目前、就在讀這本書的當下，還不存在於宇宙的任何角落，還等著被創造出來，而創造它們的材料，得在這個世上找。最重要的是，那些材料存在於他人的心靈、智能與行動——許多人你可能還沒碰到。許多找出生命道路的傳統方法行不通，是因爲我們誤以爲（光靠）自己就能知道答案，以爲資源都在，只要追尋正確的熱情，就能得到圓滿的人生。各位都熟悉那種說法——那種說法告訴我們，應該設定良好的目標，接著努力達成，聽起來就像比賽中場休息時更衣室裡的信心喊話：「上場吧！**你辦得到的！**」

根本不是這樣。

想想本書開頭提到的艾倫、珍妮與唐納。他們都有目標。珍妮與唐納完成大量的目標，還是成功人士，但兩個人都迷失了自我，狐疑自己為什麼不快樂，不曉得要朝哪個方向走，不知道如何讓自己的生命產生意義。此外，他們三人都以為得獨自一人想出答案。他們並未設計生命，也未運用團隊。

各位如果是孤獨地站在鏡子前，試著解決或想出人生究竟該怎麼辦，等著弄清楚正確答案後再行動，那可有得等了。

不要看鏡子，看看身邊的人。做完本書建議的努力與練習之後，你已經和大量的人士有過互動——其中許多人你才剛認識。你誠實地與他們討論自己的現況、價值觀、工作觀與人生觀。靠著好時光日誌，找出讓自己活力充沛的活動與哪些團體、個人有關。大概還找到了幫手，一起發想並回應生命計畫。每個原型都會讓你接觸到其他人，他們是合作者、參與者及資訊提供者。你可能沒把他們想成是團隊的一分子，不過是執行或嘗試事物時恰巧碰上的人。

那你就錯了。

他們也是團隊成員。

找出團隊成員

只要是出現在你的生命設計大業裡的人，都該被視為團隊的一

分子，只是每個人扮演不同的角色，分類一下會更清楚。當然，有些人不單扮演一種角色。

支持者：形形色色的人都可能是支持者，年齡、所在地、高矮胖瘦各不相同。支持者是你可以求助的人，你知道他們關心你的生活——他們在你身邊，鼓勵你走下去，他們的意見非常有幫助。我們把多數支持者視為朋友，但不是所有朋友都是支持者，而且有的支持者不是朋友（他們協助你做生命設計，但你不會和他們一起出去玩）。一個人有多少支持者，主要看個性——可能是兩、三人，也可能是五十人，甚至一百人。

參與者：積極參與你的生命設計計畫的人士——尤其是與工作、副業的專案及原型相關的人士。他們是你實際一起做事的人，也就是所謂的「同事」。

親友團：包括最親密的家庭成員及好友。這群人大概最直接受到你的生命設計影響。此外，不論他們是否積極參與你的生命設計計畫，他們的影響力最大。就算他們並未直接參與，至少要讓他們知道這件事。他們是你人生很重要的一部分，不能排除在外。要讓這群人在發想、計畫與原型中扮演什麼角色，是一個棘手問題。有的親友團可能過度插手，有的抱持根深柢固的觀念，太希望看到某種結果，不可能客觀。不過當然，有的親友團是這輩子最好的幫手。你得承認這些人很重要，想好他們扮演什麼角色最有助益、最合適，不要讓他們一直被蒙在鼓裡，最後才被告知。那樣做，很少會

有圓滿結果，原因想一想就知道。要是自己決定接下來一年要過沒水沒電、離群索居的生活，然後才告訴從沒聽說過這件事的老婆，那鐵定行不通。

小組：這群人分享你生命設計計畫的細節，每隔一段時間追蹤進度。最可能的候選人，大概是你邀請一起討論三個五年奧德賽計畫並給予回饋的那群人。

我們做生命設計時，需要有一群人在身邊。他們不必是你最好的朋友，只要願意在你需要時現身，幫忙觀察與思考，並且尊重、在乎這個過程——但是不必給答案，也不必是意見大師。

各位懂這裡說的是什麼人；他們的臉已經浮現你眼前。理想的團隊人數是把自己算在內，兩人以上、六人以下，三到五人最為理想。只有另一人的話，那個人會是很好的夥伴，或是可靠的好友，然而兩人頂多成雙，不成團隊。兩人一組，永遠是一個負責說、一個負責聽，其中一人必須全權負責回應另一人的話，意見不夠多元，生命設計需要的合作不只如此。

有三個人，就會有更豐富的互動，對話廣度才會夠。人愈多愈熱鬧，不過超出六人，情況會開始反轉。每人發言時間有限，接下來由誰發言成為問題。由於時間有限，每個人能表達的觀點變少，開始形成固定角色。安變成務實的那個人，席爾則永遠替創意發聲。團隊人數多的時候，每個人容易陷入單一角色，對話內容變得貧瘠。因此，為了活潑多元，聽見最有創意的點子，最好讓團隊人

數介於三到五人（再說了，這樣一來，聚會時間只需點一個特大披薩就夠了，多省啊）。

團隊角色與規則

一切簡單就好。團隊的任務是有效推動生命設計——就這樣而已。隊員不是你的治療師，不是財務顧問，也不是心靈大師。他們是你的生命設計共同創造者，唯一需要分配的角色，只有團隊主持人——主持人負責安排聚會的時間與地點，通常由你自己擔任。最好自己負責時間表與溝通，確保團隊步伐一致，不會做太多，也不會做太少。不過，也可以請另一位成員主持會議，或是大家輪流。怎麼樣安排都好，但永遠要有人負責留意時間、議程表與對話。

主持人的重責大任是「對話」。主持人要負責促成對話，而不是發號施令，也不是當裁判或「領袖」。團隊不需要這種角色，只需要有人一邊參與對話，一邊留意進度——確保每個人的聲音都被聽到，不會因為大家爭著講話，錯過關鍵的點子與建議。此外，同時出現數個議題，或是有多重考量時（這種情形經常發生），主持人要協助大家判斷該走哪條路。至於規則，史丹佛團隊（我們稱為「小組」〔section〕）通常只有四條：

小組應該：

1. 尊重
2. 保密
3. 全心參與（不有所保留）
4. 有生產力（要有建設性、不質疑、不批判）

集合導師力量

　　導師（mentor）在生命設計社群或團隊中，扮演相當特殊的角色。不是每個人都能遇上好導師，不過有的人有幸遇到，我們也鼓勵大家努力尋找自己的導師。如果能找到幾位導師一起參與，你的生命設計將如虎添翼。導師的概念近年來很流行。導師所做的幾件事，對我們的學生與客戶幫助最大：

　　輔導與給建議：「輔導」（counsel）跟「給建議」（advice）不太一樣。「輔導」是指協助我們找出自己的想法，「給建議」則是由對方提出看法。我們很容易辨別他人何時是在給建議，而不是輔導。

　　對方如果說「嗯……如果我是你的話，我會怎樣怎樣」──只要聽見「如果我是你」幾個字，就是建議。當一個人說這句話，他真正的意思是：「如果你是我。」給建議的人，叫你做他碰上你的情形時會做的事。如果你和給建議的人，兩人剛好一模一樣，照著做當然是好事。如果你們兩個人是雙胞胎，那就聽他的。除此之外，

我們很少會爲跟我們完全一樣的人出主意。請別人給建議很好，至於要不要照做，就要仔細想想了。如果你得到的是建議，那就想辦法考量對方的價值觀、優先順序與觀點，找出他們經歷過什麼關鍵事件，形成那樣的建議。

我們認識一位急診室醫生，他不管碰到誰都說：「千萬別騎摩托車，你會成爲器官捐贈者！」醫生在急診室見過許多摩托車的車禍傷患，其中許多死於腦傷，因此可以理解她那麼說的確是很合理的建議。然而，我們也認識東岸一名藝術家，他創作的油畫非常成功，靈感全來自他每年在全國各地騎上三萬至十萬哩的摩托車——整整騎了三十年。那位藝術家深信，看世界與認識他人最好的辦法，就是騎摩托車（最好騎老派的平頭式引擎哈雷）。醫生和藝術家說的都沒錯：摩托車比汽車危險很多，但也是造訪鄉間與認識人的好方法，兩種說法都對。重要的是，對你來說，哪個說法比較有意義？

好建議來自擁有眞正專門知識的人。報稅該怎麼報，要請專家給建議。膝蓋有毛病，應該由專家判斷該開刀、還是做物理治療就夠了。然而，沒有人是人生的專業顧問。有時人們會說「我得到不好的建議」，其實不是不好，只是不適用在自己身上。許多人會熱心地建議我們人生該怎麼辦，千萬要小心這種建議。

輔導則不一樣，輔導永遠能幫上忙，因爲弄清楚自己的想法絕對是好事。我們內心的智慧與洞見，需要被挖掘出來。如果能找到

人好好輔導我們，定期弄清楚自己的內心想法，保持情緒穩定，是好事一樁，好導師就是這點珍貴。好導師做的事是輔導。輔導的開端是問許多問題，真正去瞭解你，瞭解你的話、瞭解你正在經歷的事。好的輔導者通常會從不同的角度，問同樣的問題，確認自己理解正確。他們通常試著換句話說，摘要你說過的話，問：「這樣說對嗎？」對方如果這麼做，你知道他們關心的人是你，不是自己。

　　輔導時，導師自己的人生經歷之所以珍貴，不是因為可以直接借用他們知道的事實或答案，而是因為他們擁有寬廣的人生經驗，能保持客觀，協助我們用全新的觀點看待自己碰上的現實。好的導師大部分時間都在聆聽，接著提供重擬情境的可能方式，讓人有辦法得出新點子，想出適合自己的答案。

　　當然，以上只是本書的建議。

　　判斷力：本書第九章談運用多種「知」的形式做出好決定時，提到判斷力。我們做決定時，導師尤其能在這方面協助我們。重大的決定通常不容易，我們的腦子會鬧烘烘的，充斥得找出優先順序的議題、必須取捨的考量。腦袋裡噪音太多的時候，便是聯絡導師的好時機。導師可以聽人倒出腦海裡所有的事，協助你釐清事情，整理出大事、小事、無關緊要的事。好的導師做這件事時會很小心，甚至有點戰戰兢兢，因為整理與排出優先順序，通常非常接近指點你該做哪個選擇比較好。好的導師不會告訴我們該怎麼做，至少會表明自己的謹慎之意，不希望過度影響我們，他們會說：「嗯，我

的意思不是說，我認爲正確的選擇是接受升遷，搬到北京一年，不過我的確注意到你每次提到中國，臉就會發亮，還會微笑。你自己是否注意到那件事？或許你該研究一下那個可能性。我不是叫你去中國；我只是認爲那之中或許有值得留意的元素。」

長期觀點與在地觀點：導師百百種。有的人很幸運，找到一輩子的導師，真心關切他們的人生，願意一起走過多年旅程。不過，珍貴導師不只這一種，也可以依主題找導師（教養、財務、心靈等），或是特別爲了某件事、某個人生階段找導師（懷孕期、第一次當主管、照顧年邁父母、搬到哥斯大黎加）。找導師沒有一定的規則可循——尋找能提供協助的人就對了。

讀到這裡，各位可能在想，到哪找這種好導師（如果不必找，就跳過這一節，你是身邊有眾多導師的幸運兒）。現成的好導師不多，但世界上很多人有潛力成爲好導師，他們擁有重要的人生閱歷，也願意聆聽並提供輔導（不只是給建議）。許多人不覺得自己是導師，或自認沒資格進行這類型的談話。這不代表他們就不是導師——只不過沒被尊稱爲老師罷了。

我們其實不需要百分百的人生大師，只要成爲善於求教的**學習者**（mentee）就行了。身邊有明燈當然很好，如果有就不要放過。其實，我們只需要擁有輔導能力、可以求教的對象。這件事很簡單，只需主動請人幫忙，找出某個感覺可以當導師的人，想辦法與他們相處一段時間，把對話導向你需要協助的領域。我們要做的事，不

是請對方說出他們會怎麼做，而是借重對方的心得與經驗，協助我們釐清想法。

「嗨，哈洛德，我很欣賞你和露易絲帶孩子的方法。老實講，當爸爸這件事把我給嚇壞了。我能否請你喝杯咖啡，找時間聽聽你怎麼當爸爸的？」

哈洛德當然會說「好」（沒錯，這個方法和第六章進行原型對話的方式十分類似）。兩個人碰面後，你聽哈洛德回憶當父親的溫馨時刻與擔心受怕，接著直接問：「可不可以幫我一個忙？最近我和史其普之間有點疙瘩，露西和我都不知所措。我如果說出我們的想法，或許你能幫助我聽到最適合的部分？史其普和你們的孩子不太一樣，但是你當父親已經很有經驗，或許你能幫我們釐清哪些事重要，哪些事不重要。」

哈洛德或許沒扮演過這樣的角色，但他會盡力試試看，八成還會做得很好。萬一他開始給建議，就洗耳恭聽，接著回到剛才的請求。哈洛德大概會明白暗示；就算沒明白，我們也沒損失，可以再找別人。各位可以靠這樣的方法儲備導師，不需要苦等碰上輔導大師的那一天。

從團隊到社群

如果各位和我們合作過的多數人一樣，你與生命設計團隊及合

作者共度的時光，將帶來眾多靈感，讓你整個人都活了起來。我們祝福大家能體驗到支持、真誠與尊重的聆聽，那會讓人上癮。成為社群的一分子是相當獨特的體驗，是人類生活的方式。

　　社群的功用不只是分享資源，或三不五時聚一聚。社群成員會出席、參與彼此的生命創造歷程。身處那樣的社群是很棒的生活方式，大力推薦各位隨時參與社群，不要只在擬定大型計畫或推動新事物時，才想到社群。

　　找出持續做哪些事，可以讓自己不斷成長，享受設計精良的生命，是主要的方程式。其中，社群是必備元素。

　　這裡所說的「社群」，不只是生命設計團隊的另一個名稱，而是一種不間斷的體驗。這個「社群」究竟是什麼意思？很久很久以前，多數人自然而然生活在社群中，被教會或傳統信仰帶大，屬於以特定方式定期聚會的大家庭的一分子。此外，一群人可能同屬某個職業，如軍人，或是一同參與攀岩等嗜好；職業與興趣會形成社群。不過，今日多數人並未身處預設的社群——可以定期回歸、展開生命對話的地方。若要找到這種「社群」，得找到一群共享以下多項特質的人：

　　擁有共同的目標：有活力的社群通常都有目標，不會只為了聚會而聚會。戴夫參加的社群，目標是成為更完整的人，在生活各方面活出信念。比爾的社群聚會是為了協助彼此成為更優秀的父親，以及更真誠的人。最有力量的社群，擁有讓成員朝既定方向前進的

明確使命。有目標，就比較容易動起來。比爾與戴夫各自的社群也會從事其他各式活動，包括社交、休閒，不過永遠有北極星指引他們回到「為什麼我們會在這裡」。

定期聚會：時間可以訂在每個星期、每個月或每一季的同一個時間，社群必須定期碰面。頻率要頻繁到能讓成員從上次對話結束的地方接著談下去，不必每次重新解釋目前的狀況。定期聚會真正的重點，是讓參與社群變成一種習慣，不必因為特定的目的才見面，如完成某個計畫，或是一起讀完某本書──社群聚會是因為成員認同有社群支持的生命，是更理想的生命，因此堅持下去。我們都是因為持續參與這樣的社群，才有辦法活出今天的生命。

共同立場：除了擁有相同的目標，最好還要有其他共通之處，最常見的情形是擁有共同的價值觀或觀點。以比爾的爹地討論小組為例，多數成員希望自己成為更好的父親，努力做到百分之百的誠實（他們的內規是「不講空話」），願意嘗試新事物並「做功課」，包括嘗試瘋狂的練習，例如一名團員扮演死者，其他人假裝在喪禮上講話。只要還活著，就有機會改變自己得到的悼詞，所以每位成員聽到自己的悼詞之後，可以決定自己喜不喜歡成為那樣的人。像這樣明確的共同立場，就有辦法在走過人生旅程時，凝聚成員，延續對話，設定優先順序，排解議題。儘管只需要一群人對彼此有好感（「處得來」）、有參與的意願，就足以組成社群，但要走得長遠，光靠好感還不夠。

去認識別人，也讓別人認識我們：有的團體很重視內容或流程，有的團體很注重人。這裡談的社群，主要和人有關。我們可能參加很棒的讀書俱樂部，大家讀完指定書籍才出席，聚會時，仔細討論書中的書寫方式、敘事，以及文明社會的狀態，外加一點小酒，每個人都喜歡彼此。那種俱樂部**非常好**，但不是這裡所說的社群。真的，那種俱樂部很好，有目的（知識性的書籍討論），有共同立場（閱讀小說讓人更有趣、更有深度、更能敞開心胸），而且也定期聚會（每個月第一個星期二）。然而，成員並未參與彼此的生命，甚至不需認識彼此，也能讓這種社群持續運作。運作得當的讀書俱樂部，大概不是**進行生命對話**的場合。社群的成員不必都很熟，但至少要在某種程度上，透露每個人目前的人生狀態。

社群要能有效運作，重點不在於成員要有適合的專長或資訊，而是擁有適合的目的與態度。最理想的成員，會努力串起人生點滴，以真誠的方式，過著人生觀與世界觀相符的生活。我們身邊的牙醫，如果真誠地努力活出最好的自己，就算我們對牙醫學完全沒興趣，這位牙醫帶來的鼓勵與影響，將大過某個興趣與職業和我們完全相同，但為人客套、並未誠實面對希望與掙扎的人士。團體不需要讓每個人赤裸裸表現出內心情感，但是在讓別人認識我們以及認識他人時，成員要能感受到大家是一起的。

有一個方法可以測試一下。請回想自己近年來參加的不同團體，某些團體的成員談論人生的概念，某些團體的成員真正在談自

己的人生。「評論者」與「參與者」不同的地方就在這裡。我們要找的是由參與者組成的團體。

　　本書希望協助大家找到或建立這樣的社群。下次讀書會聚會時閱讀本書是個不錯的開始，不過接下來，還要找出願意和我們一起踏上這趟旅途的人。生命設計是一場旅程，一個人獨行沒那麼好玩。

　　各位是我們的團隊成員，我們誠摯邀請你成為我們社群的一分子。詳情請上「做自己的生命設計師」官網：www.designingyour.life。

牛刀小試
組成團隊

1. 列出三到五位生命設計團隊的潛在成員。想一想誰是支持者、親友團、導師，以及可能成為導師的人士。這三到五人，最好也正在積極設計自己的生命。

2. 確認每個人手上都有這本書（或是幫大家買好），每個隊員都瞭解生命設計的原理，檢視過團隊角色與規則。

3. 約好定期見面，以社群的形式，積極共同創造經過設計的生命。

結語　好好設計生命之後

　　設計精良又平衡的生活長什麼樣子？那是被平均分配的一天，一塊給工作，一塊給遊戲與樂趣，一塊給親朋好友，一塊給健康。各位的理想分配是什麼？每個人都知道，自己生活的哪些領域需要投入更多時間與精神。我們需要多一點設計思考，少一點擔憂與煩惱，少一點「早知道／本來會／要是當初怎樣就好了」。

　　各位今天花了多少時間，讓自己享有一點樂趣？讓事業有進展？培養了人際關係？照顧自己的健康？替下一個人生階段打造原型？你一天的時間分配**究竟**是什麼狀況？

　　告訴大家一個小祕密：世上沒有完美的分配法。我們幾乎不可能在一天之中，替所有重要的人生領域，耗費相同的力氣。

　　是否平衡要看長期。

　　生命設計也要看長期。

　　全球最富有的比爾・蓋茲（根據二○一五年的數據），不是靠著每一天的「工作」、「愛」都達到平衡而致富。他在一九八五年推出微軟 Windows 作業系統、一九八六年讓公司上市時，沒人稱

他是替世界做好事的慈善家。即使一九九八年，他大概也不是每天花均等的時間，用於培養人際關係，以及反駁政府說他濫用壟斷的力量。

平衡是一種迷思，帶給多數人許多懊悔與心痛。

前文提過，不要和現實作對。活在現實之中的意思是，看著現實，接受自己目前的處境。生命設計的目標是能夠回答：「近來過得如何？」

我們有可能好好地設計生命，讓身邊的人在喪禮上懷念我們的時候，說：「整體而言，他的人生切得滿均等的。」

好吧，或許各位不想得到**那句話**當悼詞，不過懂意思就好。我們不希望別人在我們的喪禮上站起來發言時，講的是「戴夫擁有良好的寫作與口語溝通技巧」，或「比爾能分清楚優先順序，適應緊湊工作步調」。生命不只是薪水和工作表現。我們都想知道，我們在某個人的生命中占有一席之地。我們都想知道，我們做的事對這個世界有貢獻。我們都想知道，我們努力愛人，盡全力好好生活，過著有目標、有意義的人生，而且過程中，樂趣無窮。

事情要回顧時才看得明白，因為「設計精良的生命」不是名詞，而是動詞（好吧，嚴格來講是名詞片語，大家懂意思就好）。

無效的想法：我設計好自己的生命了；終於完成這件麻煩事，接下來會一切順利。

重擬問題：生命設計沒有大功告成的那一天──生命是好玩、沒有盡頭、一直打造前方道路的設計方案。

　　有的人讀這本書，是為了讓已經很不錯的人生錦上添花。有的人則是因為自己渴望或現實逼迫，需要轉換人生的工具。各位有重要的計畫得執行，有選擇得做，一旦做到之後，生活將改頭換面。新設計在手，舊設計拋到腦後──這的確是相當重大的轉變。我們會強烈意識到事情不一樣了，不過生命設計的任務尚未結束。

　　如果我們靠著找路，踏上生命設計之旅，找到自己想過的人生，實際生活在其中也一樣，必須不斷找路，不斷披荊斬棘。設計除了是處理問題與計畫的方法，也是生活的方式。「做自己的生命設計師」課程與輔導之所以成功，是因為符合人性。史丹佛一九六三年首度開始教設計時，靠的是「人本設計」（human-centered design, HCD）這個獨特的方法，跟當時的技術、藝術、工程或製造導向的傳統設計法，相當不同。日後史丹佛的設計法，極力把人放中間，努力從人出發。既然各位的生命絕對與人有關，自然應該採取以人為本的設計理念。

此外，生命設計只關注**如何設計生命**——不講該怎麼生活，也不探討爲什麼 A 人生勝過 B 人生。

我們的朋友提姆取得電機工程學位後，跑到矽谷工作，在一家步調快速、剛上市的新創公司設計最新的微處理器，但他在設計專案第一次被砍之後，重新評估每天沒日沒夜工作、週末也無法休息的生活，認爲工作不該是生活重心。他更重視遊戲與愛，所以必須做出改變。

提姆跳到成熟型的企業，升遷到還不錯的資深職，接著不再努力往上爬，在同一個職位待了近二十年。他備受敬重，在公司是技術權威，但一次又一次拒絕升到薪水更高的職位。

提姆說：「賺的錢必須足夠負擔必要的事物。」對他來講，薪水夠養家，足以讓孩子接受良好教育，買下一棟柏克萊的好房子。然而「滿足基本需求之後，賺更多錢有什麼意義？我寧願生活裡多一點樂趣，身邊多一點朋友。金錢、升遷、更多責任，不會帶給我動力。擁有美好生活的重點是快樂，不是工作。」

提姆的設計很成功，他是我們認識生活最平衡的人，是個好爸爸，也是社交生活活躍的焦點人物，人緣好，幾乎每週都玩音樂，還架設雞尾酒部落格，推廣自己發明的雞尾酒，並且廣泛閱讀，全世界沒人像他那麼快樂。他的健康／工作／遊戲／愛的儀表板都是綠燈，他也打算一直維持下去。他不把工作當成最重要的事，展現了經過深思熟慮的生命設計策略。

打亂一下生活秩序

　　本書重擬過後的問題，有的會帶來觀念上的衝擊；拋掉過去的認知，通常比學習新觀念還要難，然而重新認識事物很重要。各位因為閱讀這本書而學到或拋掉的東西——不管帶來多大的衝擊，有多顯而易見、令人不安，或啟發人心——其實並不會讓你變成另一個人，只會讓你更像自己。優秀的設計永遠會帶出原本就存在、等著被發掘或展現的最佳特質。本書所談的設計方法，基本上永遠是和人有關、日新又新的過程，除了是醞釀出你想過的生活的創意發想法，也是實際過生活的方法，因此一切又回到本書開頭提到的五種心態。

　　前文介紹生命設計的概念時，提到大家得做五件簡單的事：（1）當個好奇寶寶（好奇心）；（2）試一試（行動導向）；（3）重擬問題（重新框架）；（4）一切都是過程（覺察）；以及（5）請別人幫忙（通力合作）。本書在介紹生命設計的各種概念與工具時，反覆提到這幾種心態。

　　這五種心態幾乎隨時隨地都能派上用場，各位有無窮的機會提起好奇心與嘗試新事物。有一個課堂練習叫「設計前方道路」（Designing Your Way Forward），學生找出生命設計計畫中卡住、進度緩慢的兩、三件事，接著找另外兩人一起發想四分鐘，想辦法靠五種心態脫困。舉例來說，如果教課的教授得過諾貝爾獎，「好

奇心」可以如何協助你克服與諾貝爾獎得主說話的恐懼？嗯⋯⋯你
可以：一、請教三名和那位教授講過話的學生，問他們談了什麼，
結果如何。二、找找看，教授是否曾在報導或訪談中提過自己的大
學生涯，她二十歲時，是否和你有任何共通之處。三、找出教授是
否有過慘遭滑鐵盧的計畫（有的話，是哪些計畫），讓她顯得更有
人味、沒那麼可怕。運用五種心態可以讓人不再卡住，前進到其他
步驟。各位目前試著活出的美好生命也一樣，可以靠五種心態助
陣，接下來一一幫大家複習一下：

好奇心：萬事萬物皆有有趣之處，生命要設計得好，關鍵在於
無止境的好奇心。再無聊的事，也會有人覺得有趣（就連報稅或洗
碗也一樣）。

對這件事感興趣的人，他們想知道什麼？
原理是什麼？
他們為什麼那樣做？
他們以前怎麼做？
這個領域的專家怎麼說？為什麼？
最有趣的地方是什麼？
我不懂什麼？
如何找出答案？

試一試：積極行動可以讓人不再卡住——擔心、分析個不停、煩惱人生該怎麼辦，是沒有用的，多思無益，不如行動。

何不趁今天試試看？
我們想多知道什麼？
怎麼做可以找出答案？
哪些事有辦法執行，嘗試過後可以學到什麼？

重擬問題：重擬的意思是改變觀點。轉換一下觀點，幾乎能幫上所有設計問題的忙。

我內心真正的觀點是什麼？
為什麼我這麼認為？
其他人有哪些觀點？找出那些觀點，接著放下自己的觀點，從他人觀點描述問題。

透過以下不同的觀點，重新描述自己的問題：你的問題其實非常小，很好解決。那是契機，不是問題。這件事根本不用管。你其實還不完全瞭解這件事。這不是你的問題。一年後再回頭看，會有什麼感覺？

一切都是過程：知道一切都是過程，就不會沮喪，不會迷失，永不放棄。

你走過哪些步驟，前方又有哪些步驟？
占據念頭的事，和目前的步驟是否有關？
你是否採取正確的步驟？超前還是落後？
如果一次只想前方的一步，會發生什麼事？
最糟會怎麼樣？可能性有多高？萬一發生了，你會怎麼做？
最理想的結局是什麼？

寫下心中所有的問題、苦惱、點子與期盼，問自己是否知道下一步該怎麼做。是不是感覺不一樣了？

請別人幫忙：積極找人合作，可以讓自己在過程中不孤單。請找一個會支持你的人，談一談你目前正經歷的事。用五分鐘的時間，告訴對方你的現況，接著請對方用五分鐘回饋並討論。這下子感覺如何（支持者說了什麼都沒關係——重點是跟自己以外的人聊一聊）？開啟合作的方法很多：

建立團隊。
打造社群。

你正在努力的事，和哪些團體、哪些人有關？你是否與他們連結，和所有的人對話？沒有的話，請開始吧。

記錄「求助日誌」，寫下需要幫忙的問題，隨時帶在身邊。每週找出能協助你的人士，和對方聯絡，寫下他們提供的答案與求助結果。

找到一位導師。

打電話給老媽（你知道的，她會很開心）。

只要把上述心態用在創新過程中，積極瞭解自己的人生現況，設計生命時，很快就能抓到竅門。這五種心態很簡單，幾乎不費什麼工夫，就能在思考時派上用場，請看看是否對你有幫助。這五種心態很快就會跟你的呼吸一樣自然。

再講兩件事就好

除了以上五種心態，在你好好活出設計過的人生時，還要特別注意兩件事──羅盤和修練。羅盤是指和工作觀、人生觀有關的宏大概念。工作觀、人生觀，再加上價值觀，讓人有辦法回答：「最近過得如何？」你會知道自己是否步上軌道，或者內心有掙扎、有疑慮。工作觀、人生觀、價值觀決定你是否過著一致的人生，也就是你是誰、你的信念、你所做的事彼此能夠配合。我們和修過生命

設計課、畢業兩年、三年、五年以及很多年的學生聊，他們說自己一直回到羅盤的練習。多數人對於相關問題的主要觀點不太會變，不過細節與優先順序的確會隨著時間改變，最好養成回顧自己方向的習慣。如果想知道自己對人生重大問題真正的想法與價值觀，最好直接問自己，看看自己會怎麼回答。建議各位至少每年回顧一下自己的羅盤，重新校準，再次替生命找出意義。

如果要讓生命一直維持在設計精良的狀態，最重要的事，或許是花點時間與力氣做第九章提到的各種**修身養性的方法**。以我們自己的例子來講，我們兩人在這方面的個人成長（以有紀律的方式不斷精進），提供了最大的生活動力。雖然大眾逐漸體認到相關練習的價值（瑜伽、冥想、寫詩／閱讀、祈禱等），我們依舊很缺乏這個面向，現代社會尤其欠缺。傳統東方文化在這方面做得比較好，不過老實講，幾乎所有的現代文明都相去不遠，幸好只要付出小小努力，就能大大豐收。透過相關練習掌握自己的情緒、提高覺察能力，幾乎天天都能收割甜美的果實。

舉例來說，比爾因為早上做冥想（趁刮鬍子的時間做），每天替自己的健康儀表板精神喊話，因此神清氣爽：「我盡力讓自己活在最美好的世界。我今天所做的每件事，都是我自己的選擇。」比爾會在心中想一遍今天要做的事，提醒自己所有事情都是自己安排的，在開始新的一天之前，再次選擇是否要做那些事。此外，他現在每週花大量的時間畫畫，激發大腦創意，享受藝術帶來的樂趣。

而且他一星期至少煮一頓美味大餐，進行其他人也能一起分享的創意活動。

　　而戴夫一天至少花二十分鐘安靜冥想（專有名詞是「正心祈禱」〔centering prayer〕），讓自己重歸神的愛。此外，他明智地設計出伴侶比自己聰明許多的婚姻，靠博學的太太克勞迪亞幫忙出詩歌作業。現在他每週至少讀一次詩，靠身體力行去感受詩的意境，而不只是在腦中閱讀而已。還有，他放棄每週刺激的公路自行車賽，改成和克勞迪亞與狗兒在山間散步四哩，慢下腳步，多欣賞大自然。

　　以上舉了幾個我們自身的例子，不過各位應該擬定自己的修行方式，打造原型，找出適合自己的活動，好好地過自己設計的生活。

嗯……近來過得如何？

　　本書的開頭提到熱愛石頭的艾倫，錯當律師的珍妮，以及人生迷茫的經理唐納。被問到「近來如何？」這個很難回答的問題時，生命設計如何改變了他們的答案？

　　艾倫知道自己不想當地質學家，不過她的確喜歡在學校學到的某些東西，尤其是地質學家常做的組織與分類工作。此外，她還是很喜歡石頭，尤其是珠寶業使用的寶石。因此她決定讓自己成為隨時遇到好運的幸運兒，展開生命設計訪談。她發現，專案管理工作

需要的人才，擅長組織分類工作與人事，感覺很適合她。艾倫多做幾次訪談後，和一家從事線上珠寶拍賣的新創公司搭上線，在訪談中，展現出自己對「石頭」的熱愛，以及天生的組織能力。那家公司感受到她深具好奇心，生命設計訪談很快就演變成工作面試。兩年間，艾倫不斷升職，現在是全面掌管公司時尚拍賣事業的專案經理。

珍妮努力找出自己的羅盤，從事個人修行，開始聽見並信任內在的聲音。她發現自己寫日誌時活力充沛，最後還瞭解日誌對她來講那麼重要，是因為她是個作家——她是詩人！於是珍妮利用下班時間培養寫作能力，過了一陣子，和先生決定「放手一搏」，跑去讀詩歌藝術創作碩士，展開（簡樸的）新生活，如今成為講者、作家兼詩人。

唐納原本抱怨「我究竟為什麼要過這種生活？」，但他利用好奇心重擬問題：「這類型的工作究竟哪裡有趣，為什麼大家日復一日來上班？」唐納依據這個問題，和許多同事做了生命設計訪談，尋找樂在工作的人，找出他們究竟**在**做什麼。唐納同時研究從同事的故事中學到的事，以及自己的好時光日誌心得，最後找出一個明顯的模式。補充活力的方法，就是專注在「人」身上。唐納發現，問題不在於自己的工作，而是心態。他的心力都放在事業成功與家庭責任上，注重**目的**與**手段**，完全忘了**意義**和**人**。唐納完全不必改變生活，就能脫胎換骨。他重擬了自己的工作職責，從「照章行

事」，變成「營造讓員工熱愛工作的活潑文化」。

　　本書提到的艾倫、珍妮、唐納（還有克拉拉、艾莉莎、柯特、鍾……）並未用上所有的工具，但他們的確接受了挑戰，想辦法脫離困境，開闢出前方的道路。我們很高興能夠認識他們，並成爲他們生命中的一小部分。

　　我們兩個人知道，既然寫了一本叫「做自己的生命設計師」的書，就得以身作則，要不然實在太對不起這本書了。我們在日常生活中，運用本書提到的概念與工具，不斷打造原型，努力找出新的練習、新的思考方式，還有活出設計精良的人生的新方法。我們已經分享自己平日所做的部分練習，也鼓勵各位到本書網站（www.designingyour.life）參考完整的清單，尋找試做靈感。

　　我們的生命從工程師出發，一路演變成顧問、老師、作者。生命旅途中的每一步，我們都常懷感激，永遠好奇自己可以打造出什麼樣的下一步。

　　本書分享了許多朋友的故事，我們和他們合作過，也參與了他們的人生。雖然不是每個人最後都「活出夢想」，但我們有自信在這裡告訴大家，試過本書提到的工具與概念（全部運用當然最好）的每個人，都出現前所未有的進展。

　　我們已經和數千名學生與客戶，一起踏上生命設計之旅，享受彼此長期的密切合作，希望也能加入你的人生。

　　我們期待聽見各位的近況，不過更重要的是，大家在回答「近

來過得如何？」時，答案能讓自己滿意。

　　生命設計是一種生活方法，一旦採用，如何看待自己的人生、如何過自己的人生，都會因而轉變。好好設計人生，就能好好過這一生。

　　不然你說，人生夫復何求？

謝辭

　　本書能夠問世，要感謝諸多重要人士的鼓勵，以下冒著極可能漏掉名字的風險，在此感謝：

　　我們的生命設計社團（Life Design Fellows）創始夥伴尤金・克桑斯基（Eugene Korsunskiy）與凱爾・威廉斯（Kyle Williams），謝謝他們相信我們，他們是推動實驗室（the Lab）的關鍵人物。

　　感謝史丹佛d.Life社團成員（d.Life Fellows）。強・克萊曼（Jon Kleiman）、蓋布瑞爾・羅曼利（Gabriel Lomeli）、蓋布瑞爾・威爾森（Gabriel Wilson）、克麗絲汀・梅爾（Kristin Mayer）、凱西・戴維斯（Kathy Davies）、嘉布利爾・聖塔－唐納多（Gabrielle Santa-Donato）、蘿倫・派澤（Lauren Pizer）與我們「通力合作」，讓大家一起設計生命。

　　感謝大衛・凱利（David Kelley）替我（比爾）設置了史丹佛產品設計學程執行總監一職，允許我自由教學，開啟通往本書的旅程。

　　雪莉・謝帕德（Sheri Sheppard）教授是生命設計的忠實支持

者，也是英勇的研究所學生鬥士與優秀的學院導師，願意將賭注壓在兩個僅有碩士學歷的人身上。

感謝相信生命設計、目光遠大的史丹佛領導人，他們改變了這所大學，也改造了高等教育，包括大學部副教務長哈利‧伊蘭姆（Harry Elam）博士、研究所副教務長派帝‧岡波特（Patti Gumport）博士、工學院前學務長布萊德‧奧斯古（Brad Osgood）博士、學生事務副教務長葛雷格‧波德曼（Greg Boardman）。

在此特別感謝很早期就與我們合作的人士，他們多年來的支持與鼓勵讓一切從此不同：宗教生活主任史考帝‧麥科拉南（Scotty McClennan，已退休）靠耐心與毅力改變文化；大學部副院長助理莎利‧帕莫（Shari Palmer）指導我們大學的運作方式；前職涯發展中心執行主任蘭斯‧喬伊（Lance Choy）問了一語驚醒夢中人的問題：「你們就不能把這堂課開放給所有系所的學生嗎？」前新生主任茱莉‧蘭斯寇特－海姆斯（Julie Lythcott-Haims）也催促我們接觸全校的學生，隨時鼓勵我們，還成為我們第一位正式共同教師，協助推廣生命設計。

琳賽‧奧西（Lindsay Oishi）博士與提姆‧瑞利（Tim Reilly）博士的論文，費心探討生命設計的效用，研究我們的方法，確認我們提供大家應得的教學。感謝兩人的指導教授丹‧史瓦茲（Dan Schwartz）與比爾‧戴蒙（Bill Damon），感謝他們的支持與引導。也感謝「挑戰成功」（Challenge Success）的創始人丹妮斯‧波普

（Denise Pope）；她謹慎的研究成果證實你我可以改變教育體制。

藍迪・貝爾（Randy Bare）一九九九年擔任柏克萊加大西敏之家（Westminster House）舍監時，無意間向我（戴夫）提起：「你應該來這裡教書！」開啓了我成爲教育人士的第四個職業生涯。

雪倫・達羅滋－帕克斯博士（Sharon Daloz-Parks）多年前就有先見之明，問我（戴夫）：「你是否準備好迎接這條路通往的地方？」她永遠熱情地支持我，諄諄教誨我。

鮑伯・麥金姆（Bob McKim）成立史丹佛大學的產品設計學程，拯救主修物理的迷途羔羊（比爾），帶我走上一條樂趣無窮的職業道路。感謝身兼我們的導師與嚮導的伯尼・羅斯（Bernie Roth），我們必須弄懂大學政治時都會請教他。

感謝吉姆・亞當斯（Jim Adams），他在我們的大學年代啓發我們，教我們擊破概念障礙，包括二〇〇七年丟了一個問題在我們面前：「我不曉得你們要怎麼教這種東西！」促使我們找出方法。

此外，特別感謝提供人生故事的人士，他們讓我們展示生命設計運用在眞實人生的方式。我們借用他們的故事，協助各位寫下自己的故事（當然本書用了化名）。他們讓這本書更有人味，我們一輩子感謝他們的寶貴貢獻。

兩位特別人士以最具體的方式讓本書成眞：

拉蘿・洛夫（Lara Love）是我們的共同作者。她找出「比爾與戴夫」眞正的聲音，寫下如果我們和她一樣是貨眞價實的作家會

寫下的話。我們萬分感謝她耐心忍受無數小時的會議、影片與錄音檔之後，依舊不減對這本書的熱情，也依舊真誠地喜愛我們。我們體力不支時，只能借用她無止境的樂觀向上與生產力。拉蘿是深入聆聽的天才，完美寫下我們要講的話。她不是替我們寫作，不是寫關於我們的事，也不是代表我們寫作，而是寫下**我們**。我們兩人以及我們每一位讀者，都受惠於她的優秀文筆。

道格·亞伯拉罕（Doug Abrams）是我們的經紀人、書籍共同創造者、點子工程師、出版業嚮導、忠實友人，以及萬能的優秀合作者。可以說，沒有他，就沒有這本書。我們的第一份草稿失敗了，那只是無聊的課堂大綱，我們知道自己需要協助。這時道格成為我們的書籍設計顧問，帶我們瞭解這本書究竟該帶給世人什麼，以及該如何替讀者好好架構這本書。道格先是擔任書籍設計師，教我們什麼是書。接著又化身為經紀人，打開出版世界的大門，告訴我們：「兩位，跟我走，準備好接受生命的刺激旅程。」到目前為止，我們目眩神迷，等不及知道接下來會發生的事。

最後，我們感謝克諾夫出版社（Knopf）傑出團隊的所有成員，也特別感謝獨一無二的書籍擁護者薇琦·威爾森（Vicky Wilson）。她是我們的編輯與文化改變長。在薇琦的主持下，這本書以完全不同的面貌問世。她親自投入這本書，大力協助我們。她代表了自然的力量，這本書能成功，完全靠她賦予這本書生命。她對本書深具信心，認為它可以帶來文化方面的貢獻。她的信念與願

景賦予我們源源不絕的再生力量。設計師經驗再豐富，也需要靈感。從我們見到她的第一刻起，她就是我們的女神。薇琦，妳的那句：「哈囉，親愛的……」讓我們就此淪陷。妳是我們人生中最美好的際遇。謝謝妳，真的謝謝妳，薇琦。

註釋

簡介：人生是「設計」出來的

1. 克拉寇威爾是蘋果筆電組態的發明人，請見：European Patent EP 0515664 B1, Laptop Computer Having Integrated Keyboard, Cursor Control Device and Palm Rest, and Artemis March, *Apple PowerBook (A): Design Quality and Time to Market*, Design Management Institute Case Study 9-994-023 (Boston: Design Management Institute Press, 1994)。

2. Lindsay Oishi, "Enhancing Career Development Agency in Emerging Adulthood: An Intervention Using Design Thinking," doctoral dissertation, Graduate School of Education, Stanford University, 2012. T. S. Reilly, "Designing Life: Studies of Emerging Adult Development," doctoral dissertation, Graduate School of Education, Stanford University, 2013.

3. 相關公司的進一步資料，請見：http://embraceglobal.org 以及 https://d-re.org。

4. William Damon, *The Path to Purpose: How Young People Find Their Calling in Life*（New York: Free Press, 2009）.

第 2 章：給自己一個人生羅盤

1. 本書的許多概念與練習來自正向心理學運動，尤其是賽里格曼的研究。賽里格曼在《邁向圓滿》（*Flourish: A Visionary New Understanding of Happiness and Well-Being*, New York: Atria Books, 2012）一書中提出的重要觀念包括：「若能明確指出自己的工作與社會意義之間的連結，較可能獲得滿足感，而且面臨在世上工作不免遇上的壓力與妥協時，更有辦法適應。」

第 3 章：找出一條路

1. 「心流」的進一步資訊，請見：*Flow: The Psychology of Optimal Experience* by Mihaly Csikszentmihalyi（New York: Harper Perennial, 2008）。

2. 請見 Suzana Herculano-Houzel 的 TED 演講："What's so special about the human brain?," https://www.ted.com/talks/suzana_herculano_houzel_what_is_so_special_about_the_human _brain；以及：Nikhil Swaminathan, "Why Does the Brain Need So Much Power?," *Scientific American*, April 29, 2008, http://www.scientificamerican.com/article/why-does-the-brain-need-s/。

3. 「AEIOU 法」取自：Dev Patnaik, *Needfinding: Design Research and Planning*（Amazon's CreateSpace Independent Publishing Platform, 2013）。

第 5 章：自己的生命，自己設計

1. Steven P. Dow, Alana Glassco, Jonathan Kass, Melissa Schwarz, Daniel L. Schwartz, and Scott R. Klemmer, "Parallel Prototyping Leads to Better Design Results, More Divergence, and Increased Self-Efficacy," *ACM Transactions on Computer-Human Interactions* 17, no. 4（Dec. 2010）.

2. 除了荷馬與希臘史詩，「奧德賽時期」（odyssey years）一詞借自《紐約時報》知名專欄作家大衛・布魯克斯（David Brooks）。他在二〇〇七年十月九日的專欄，描述出現在二十二歲至三十五歲美國人身上的新現象：「只要稍有想像力，就連嬰兒潮世代，也能懂處於**奧德賽時期**是什麼感受。這段自由揮灑的時期是對現代社會的合理回應。」David Brooks, "The Odyssey Years," The Opinion Pages, *New York Times*, October 9, 2007, http://www.nytimes.com/2007/10/09/opinion/09brooks.html?_r=0。

第 7 章：找「不」到工作的方法

1. 取自二〇一五年報告：*The Recruitment Power Shift: How Candidates Are Powering the Economy*, on CareerBuilder，請見：http://careerbuildercommunications.com/candidatebehavior/。

第 8 章：設計夢幻工作

1. https://test.naceweb.org/press/faq.aspx.

第 9 章：選擇幸福

1. Peter Salovey and John D. Mayer, "Emotional Intelligence," *Imagination, Cognition and Personality* 9 (1990): 185-211.

2. 高曼著有《EQ》（*Emotional Intelligence*, New York: Bantam, 1995），以及續作《SQ》（*Social Intelligence: The New Science of Human Relationships*, New York: Bantam, 2006）。本文的「情緒智慧」取自他的著作。他的演講提供了豐富有趣的摘要說明：Social Intelligence Talks at Google at https://www.youtube.com/watch?v=-hoo_dIOP8k。

3. 吉伯特的「合成快樂」（synthesizing happiness），請見他的 TED 演講："The Surprising Science of Happiness," http://www.ted.com/talks/dan_gilbert_asks_why_are_we_happy，也可以參閱：*Stumbling on Happiness*（New York: Knopf, 2006）。

4. 史瓦茲提出的選項與選擇概念，請見他的 TED 演講："The Paradox of Choice?," https://www.ted.com/talks/barry_schwartz_on_the_paradox_of_choice?language=en。

第 10 章：對失敗免疫

1. 達克沃斯的膽量與自我控制研究摘要，請見精彩的文章：Daniel J. Tomasulo, "Grit: What Is It and Do You Have It?," *Psychology Today*, January 8, 2014, https://www.psychologytoday.com/blog/the-healing-crowd/201401/grit-what-is-it-and-do-you-have-it。

2. James P. Carse, *Finite and Infinite Games*（New York: Free Press, 1986）.

做自己的生命設計師：史丹佛最夯的生涯規畫課，用
　「設計思考」重擬問題，打造全新生命藍圖 / 比爾‧
柏內特(Bill Burnett)，戴夫‧埃文斯（Dave Evans）
著；許恬寧譯. -- 初版. -- 臺北市：大塊文化, 2016.11
　面；　公分. --（smile；135）
譯自：Designing your life : how to build a well-lived,
　　joyful life
ISBN 978-986-213-750-5（平裝）

1. 職場成功法　2. 生涯規畫　3. 設計管理

494.35　　　　　　　　　　　　　　　　　105019202

LOCUS

LOCUS

LOCUS

LOCUS